伊礼智住宅设计法则

〔日〕伊礼智 著

易保红 译

江苏凤凰科学技术出版社

序

因前一本书受到好评，故 2010 年 7 月至 2012 年 7 月在 *SHINKEN HOUSING PLUS ONE* 上共连载了 21 期续篇。以该连载为基础进行重新编辑，再添加一些新的内容，于是就有了这本新书。

自连载至今已经过去了数年时间，现在回头再看时，对自己设计的态度仍然没有改变，对此我感到郁闷的同时，也有一丝丝不安（难道自己没有进步吗？）。在此我严肃地说，对于续篇能与前一本书保持连贯性，我也有了小小的成就感（笑）。

《伊礼智的住宅设计》系列，因当时的主编三浦祐成先生希望"在日本看到更多伊礼智设计的住宅"，便开始了连载。杂志的读者大多是在工程事务所（建筑装修公司）工作的人们。当时，拥有建筑师这一头衔者对面向工程事务所进行连载有着强烈的抵触情绪。

幸运的是，当时我担任面向工程事务所的研讨会讲师，并且参加演讲的机会比较多，对面向工程事务所讲解建筑和设计方面的事情完全没有抵触感，反而希望建筑界能更多地给被当作新手的年轻一代提供连载的机会。虽然那样会被交稿日期逼得手忙脚乱，但是，在这一过程中会让他们体会到幸福感。

对我而言，只要是读者，我都欢迎。

想到日本的某个角落有人对我的设计感兴趣，认真地阅读每个月的连载，我就会很高兴。

我特意深入浅出而又具体地进行讲解，尽量让更多的人可以理解。

可能是我的努力奏效了吧。自从上一本书出版之后，工程事务所的人、年轻的建筑师，甚至想盖房子的普通民众都给予了积极的反馈。

我再次意识到向普通民众传递建筑和住宅（设计）观点与经验的重要性，也明白了普通民众的改变与工程事务所的改变密切相关。

若续篇通过以照片为主的图片和文字，利用各种方法给专业人士和普通民众浅显易懂且愉快地传达出我20年间积累的住宅设计（设计态度、技术诀窍），我将深感荣幸。

"设计很难，但还是很开心。"这可能会成为我一生不变的口头禅（笑）。

建筑师　伊礼智

目录

第 7 章 设计能力

第1章

建筑的原始风景

Irei Satoshi's House Design RULE

Q/A 01-02

CASE 01-02

注：本书中所有图中未标注的尺寸以毫米（mm）计。

“××之家”为案例名称。

建筑的原点

在冲绳伊是名岛，铭苅家住宅
的出檐。外部与内部似渐变色
一样过渡和缓。

Q.

问：伊礼先生认为建筑的原始风景是什么呢？

01

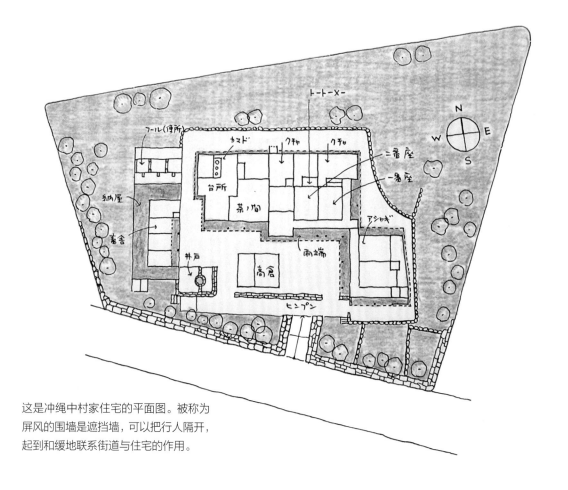

这是冲绳中村家住宅的平面图。被称为屏风的围墙是遮挡墙，可以把行人隔开，起到和缓地联系街道与住宅的作用。

Ａ．

答：我是在冲绳传统的小民居中长大的，我认为外部与内部界限模糊的空间、外部与内部和缓相连的空间就是原始风景。

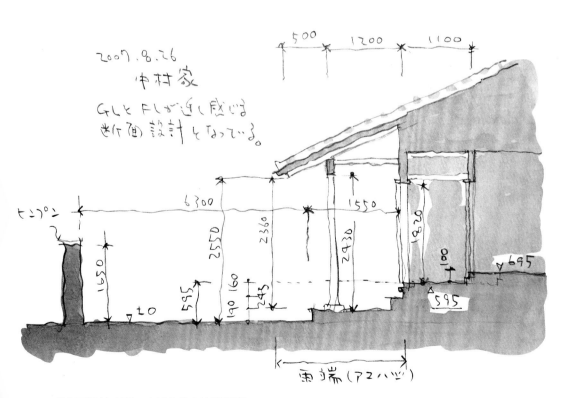

2007.8.26
中村家
GLとFLが近い感じる
断面設計となっている。

500　　1200　　1100

6300

2550

2360

2930

1550

1820

1650

595

190 160

245

70

695

595

雨端（アマハジ）

从剖面设计来看，中村家住宅地面标高
与建筑完成面标高比较接近。

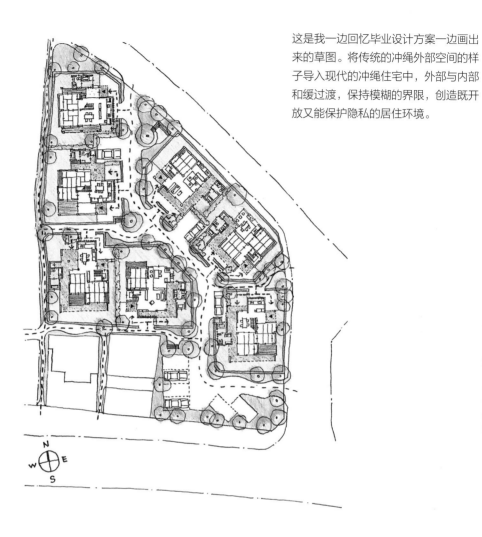

这是我一边回忆毕业设计方案一边画出来的草图。将传统的冲绳外部空间的样子导入现代的冲绳住宅中，外部与内部和缓过渡，保持模糊的界限，创造既开放又能保护隐私的居住环境。

如果要用语言来形容冲绳民居的外部空间，那么我想可以使用"模糊的界限"与"和缓的过渡"来描述。

在冲绳的外部空间中，具有重要作用的是被称为"屏风"的间壁状围墙。它既是遮挡墙，又可以隔开行人。日本有一条规则，面朝"屏风"，男性须向右（东边）走，女性须向左（西边）走。穿过屏风就来到了被称为"出檐"的檐下空间。这里是外部与内部之间的"半户外"，是孩子们的玩耍之处，也是大人们的聊天之所。

我注意到，"屏风"与"出檐"一起，成为和缓地联系外部与内部、街道与住宅的设施。这成为我毕业设计的切入点。

冲绳多良间岛的珊瑚礁。退潮后，珊瑚礁露出来了。陆地与海洋之间成
为丰富的收获之所。图片所示的是渔民正在采集石莼。

外部与内部之"间"、街道与住宅之"间"不正是
冲绳的魅力之所在吗？例如，大海与陆地之间有珊瑚礁。

涨潮时是海，退潮时则露出大片浅浅的珊瑚礁，那
里正是渔民的收获之所。

大海与陆地之"间"，物产最为丰富。诸如此类各
种"间"的魅力深深地铭刻在我的脑海中，自然会出现
在我平时的设计里。丰富的收获从外部而来。我认为，
巧妙地导入、控制这个"间"，无论对生活还是对设计
都是很重要的。

思考街道与住宅之间的过渡

琵琶湖湖畔之家以导入风景、融入风景为目标。避免使用围墙和大门，像冲绳的铭苅家住宅那样，与街道之间和缓地过渡，打造漂亮的住宅。

从数年前开始，只要有预算我就会委托荻野寿也营造景观，如今，这种情形越来越多。与荻野搭档成为工作的一部分，给我的建筑设计也带来了很多启示，也许已经到了没有荻野营造景观就没有伊礼建筑的地步（笑）。我认为，对我耳濡目染的冲绳的原始风景——街道与住宅、外部与内部和缓过渡的空间——和荻野的庭院相得益彰。

让街道与建筑之"间"相互映衬、发生联系的也许可以说是外部结构吧。在设计外部结构时，经常使用在冲绳传统民居看到的像间壁的围墙"屏风"。因为这样可以形成和缓的界限，制造庭院的进深，接纳景观营造的背景。

琵琶湖湖畔之家，主题是"导入风景，融入风景"。荻野研究了琵琶湖湖畔的植被，将湖畔的赤松引进庭院中种植；为了与住宅南面的樱花树相呼应，他将庭院中原有的三棵樱花树进行了修整，另外又新种了几棵樱花树，让周围环境与庭院产生了联系。北边的开口处可欣赏到眺望琵琶湖的景观和庭院，南边的开口处在冬天可以吸收大量的太阳能，落叶树可以遮挡阳光。

元吉田町之家是典型的走道花园。我对荻野说把走道做成栈桥的样子，并进行了总结。比地面稍高的大谷石（日本栃木县宇都宫市大谷町一带出产的石材，故称大谷石）走道穿过树木形成的拱形直通玄关。从二楼回望时，走道有着庭院般的功能，与远处的树林相呼应。

A.

答：我认为外部与内部的搭配可以产生多彩的居住空间。内部与外部应该如何和缓地过渡呢？种植草木可以让建筑『风景化』，时刻与街道现有景观相协调。

Q.

问：设计外部结构和种植草木时的要点是什么呢？

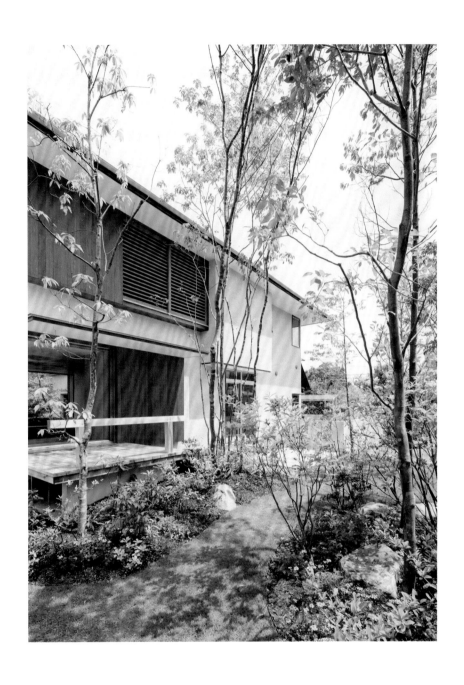

琵琶湖湖畔之家的南面外观（琵琶湖在
北面）。光照好的南面不是主庭院，这
里是后院，可用来晾晒被子和衣物等。

导入风景,
融入风景

琵琶湖湖畔之家

01

案例

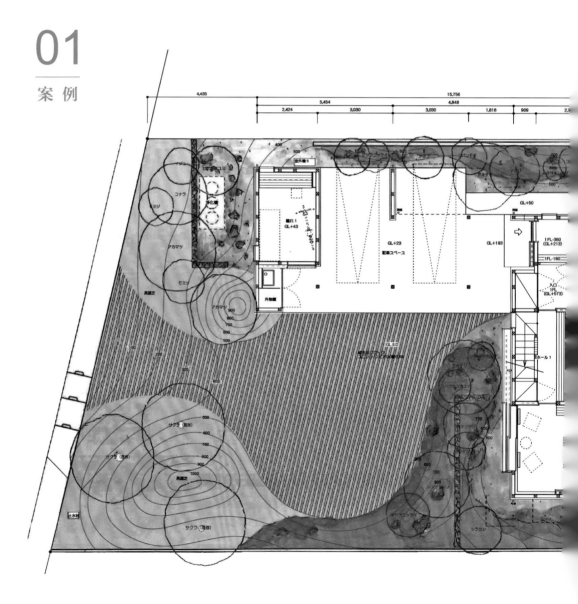

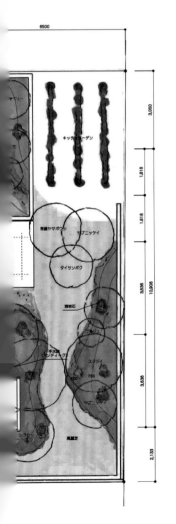

这是一幢建于琵琶湖湖畔，供一对夫妇居住的住宅。

为实现"导入风景，融入风景"这一目标，我与景观营造专家荻野寿也一起进行了研究。为融入风景，我们将主房设置于住宅用地的南面，附房设计于主房的北面（靠近琵琶湖一侧），环绕着庭院，可以眺望琵琶湖。车辆进入庭院后，在后面进入车库，从街上和家里都看不到车辆。

控制建筑物的高度，并且采用四坡顶，进一步让人感受建筑物的低矮。主房的四坡顶和附房的方形顶与冲绳传统村落的屋顶神似。

荻野研究了琵琶湖湖畔的植被，将天然赤松和单叶蔓荆植入庭院中。地基内原有三棵樱花树，决定留下来与南面的樱花林相呼应，并对其枝条进行了修剪。

主房有外动线与内动线（后院），它们结合在一起形成环绕动线。在简单的平面中加入复杂的环绕动线，形成舒展的空间。附房是家人的休闲空间。一打开长方形的大开口，琵琶湖的风景尽收眼底。

左 从二楼客厅眺望琵琶湖。庭院的草木与湖畔的草木相呼应。

右 从卧室眺望琵琶湖方向。在樱花盛开的季节，整个庭院都映满了樱花的颜色。附房外樱花满满，适合赏花。

像吊桥一样的门前走道花园

这是一个装有 Soyokaze2 （空气集热式太阳能系统）的小型办公场所，总建筑面积约 99 平方米。因为其是提供住宿的工程事务所，所以我提议应该在像住宅一样的公司建筑内进行工作。

通过与荻野寿也协商，我们决定修建一条吊桥般的走道，铺上大谷石，使其像浮于绿色中的桥一样。若这能成为公司的形象标识，那该多好啊。

从树木中穿行而过后，在二楼的檐廊回头望去，感觉这是一个进深很长的庭院。

二楼檐廊的进深为 1 间（约 1818 毫米），落地式百叶窗看起来令人神清气爽。百叶窗可以上锁，防止人从此处跌落。

关上百叶窗，白天从外面看不清室内。打开百叶窗，庭院的草木便映入眼帘。

通常荻野会斜着修剪树枝，但因为马路对面的国有林地内，树木都是垂直生长的，所以他把庭院的树木修剪成垂直的线条。

远景的绿色与近景庭院中的绿色相互叠加，形成一道风景。这种灵活的处理方式正是荻野的独特之处。

02

案例

因为要留出 3 辆车的停车位，所以庭院空间所剩无几了，故而把走道变成了庭院的一部分。完全像过桥一样，穿行于绿色之中。

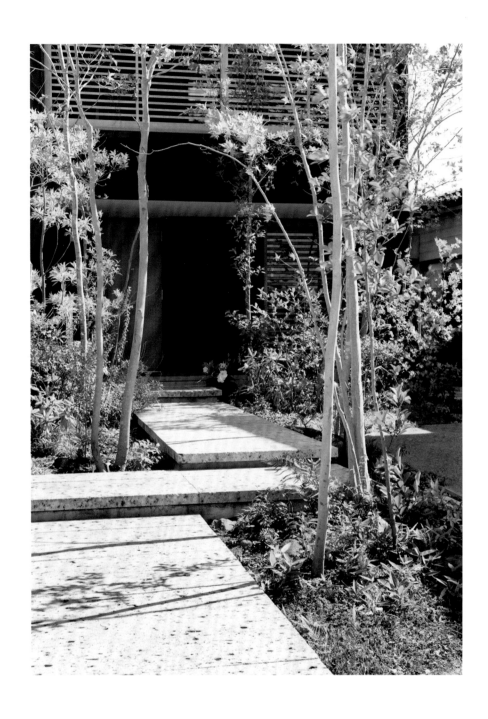

走道的地面铺设的是茨城当地的大谷石。60 毫
米的厚度有 50 毫米露在外面，有浮在半空之感。

这是从二楼檐廊回望走道时的情景。
走道与庭院完美地融为一体。

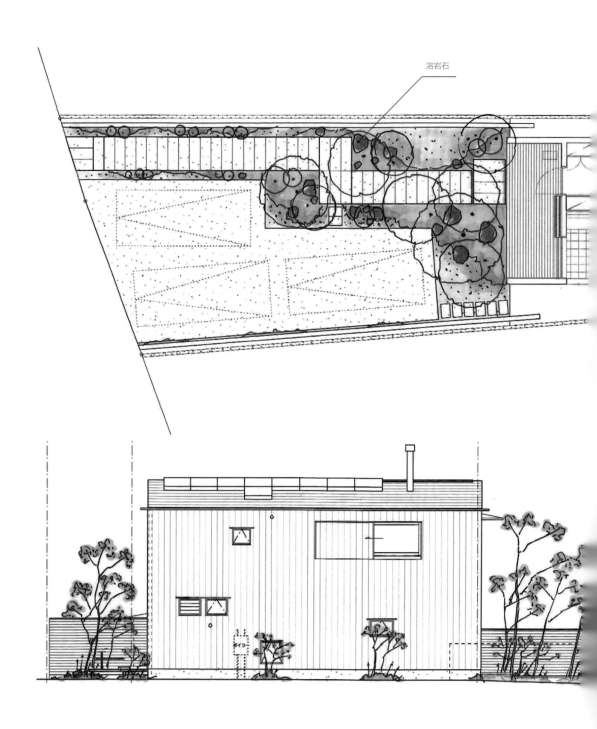

溶岩石

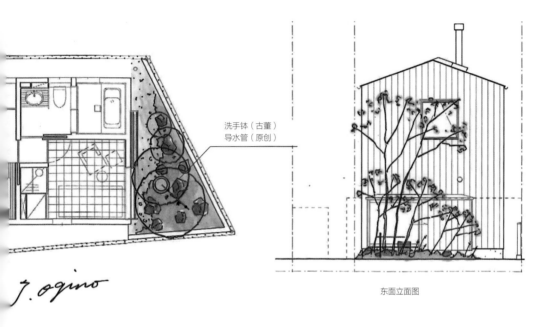

洗手钵（古董）
导水管（原创）

g. ogino

东面立面图

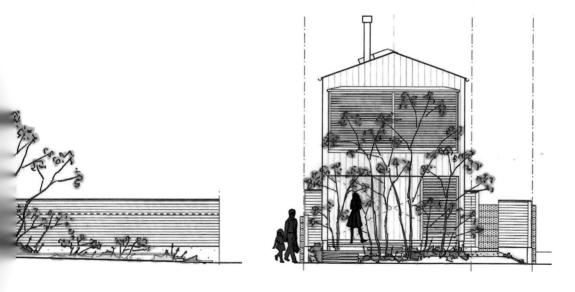

这是荻野寿也的庭院景观设计图，他按照想要一条像吊桥般的走道的设想进行设计。

这是从二楼客厅通过檐廊看庭院树木时的
情景。马路对面为国有林地，树林的绿色
与走道的绿色相呼应。

30

这是二楼的檐廊。虽然是二楼，但因设计成了落地窗，确保了二楼客厅的宽敞。百叶窗起到了遮蔽阳光、调节视线、防止人跌落的作用。

短评

阿曼达利
无边泳池
（印度尼西亚）

位于巴厘岛乌布区的阿曼达利酒店作为确立了巴厘岛风格的酒店而广为人知。这是一座小村庄般的建筑，游泳池也是因地制宜，小且带有曲线。它池水青绿，面朝阿韵溪谷，前面豁然开朗，边际消失，与阿韵溪谷的天空融为一体。这类游泳池名为无边泳池，如今已经遍布全球。实测之后才发现，并非仅仅因为风景倒映在普通的池中，而致使其看起来没有边际。

我坐在池边，一边喝着啤酒，一边看着书。猛然间，我感觉到池底有些奇怪！虽然我不会游泳，但还是立即进入了游泳池进行实测！

我终于发现了奥秘所在。原来游泳池底的边角是曲线形的！因此线条消失，游泳池与风景完美地融合了。如果不是曲线的运用，那么水面上就可以看到水底的水平线条。

因为水底的角是圆形的，所以水面连续，看起来很浅。

面朝阿韵溪谷展开的小游泳池，与风景融为一体，看起来无限宽广。

接收溢出池水的排水沟也设计得很美。如果不是总有水溢出，无边效果就会被削弱。

建筑物信息

阿曼达利酒店

所在地：印度尼西亚巴厘岛

设计：彼得·穆勒

开业年份：1989 年

第 2 章

建设用地的潜力

Irei Satoshi's
House Design
RULE

Q/A
03-20

活用建设用地的潜力

这是守谷町之家，位于住宅建造商的分售地，给人的印象是屋脊很低。时隔 23 年再次参观冲绳伊是名岛的铭苅家住宅时我重新进行了思考，守谷町之家反映了重新思考之后的结果。通过像冲绳屏风那样的和缓遮挡墙和山上挖取的树木与街道进行呼应。

我认为建设用地比客户的要求还重要。我现在去看建设用地时，仍然会激动不已、忐忑不安、兴高采烈。

建筑师去看建设用地时，不仅要看建设用地本身，还要看建设用地与周围环境的关系。从周围环境来看，有些建设用地你会认为是一块好地；有些你又会觉得难以名状，无从下手。也许是因为自己对设计这种建设用地不太擅长。对于客户也是这样。有时会考虑建设用地与自己的缘分，但在这个阶段，是不能拒绝的（笑）。不过，在看建设用地前会与客户见一次面，问一下客户对住宅的想法，在确认这位客户值得信赖后，再去看建设用地。若在看建设用地时，突然找到了头绪，是一件开心之事。但是，也有很多时候看完之后也没有头绪。我想，这才是对我的考验吧。

建设用地本身绝不会给我带来不快（可以获得客户），问题是由于自己的知识和经验所限，有时会感到力不从心。此时，只能把它当作对自己的考验（笑）。

在日本，无论去哪个地区，我都希望进行超越地域性的设计。可能正是因为我能提出超越地域性的方案，所以人们才委托我设计吧。

气候和地域性需要尊重。但是，我认为在注重工匠精神的日本，有很多东西不受地域性左右，包括创意、完成度、美观度等。而地域性和习惯等有时会妨碍上述几点的实现。我希望，无论到哪里，我都可以自由自在地做"平时的工作"。

问：关于建设用地，你是怎样考虑的呢？看了建设用地后，你拒绝过某个项目吗？你会因风土改变设计吗？

答：建设用地是设计的『基础』。只能在这个『基础』上进行考虑……在此基础上，我希望进行不受气候、地域性影响的根源性设计。

在守谷町之家，像冲绳的屏风般的
遮挡墙保护着最低限度的隐私。

守谷町之家建设用地。从马路看散步道方向。视线经建筑物穿过，感觉不错。

A.　　Q.

问：改建时，你会在多大程度上参考现有建筑呢？

答：首先要掌握建筑布置和面积。客户在原有的住宅中生活的感觉（空间感觉）也是设计条件之一。

04

自绘的配置示意图。马路与散步道之间的关系。

改建时，无论如何不能无视原有建筑。我认为其应该比采光和通风更受关注。采光比较容易理解，但是，关于风的动态，如果没有住过就真的很难理解。

改建前首先要掌握布置和面积。虽然只是长宽多少之类，但一定要确认清楚。也应该留意客户之前的居住状况，生活在多大的空间中。虽然不知道此前的情形是好是坏，但需要了解。

这是受到了学习时期的影响，我曾经跟随建筑师丸谷博男先生学习了 10 年以上。记得那是我从学校毕业后负责的第一所住宅，丸谷先生看了我正在制作的平面设计图后，让我修改。他说，建筑物的宽度不够，如果客户感觉现在的空间比原来住的更狭窄，心里会不舒服吧。

我立即明白了丸谷先生的话。在准确掌握客户住宅空间感觉的基础上提出方案是很合理的设计战术。我认为这绝非实际尺寸的问题，而是综合感觉的问题。丸谷先生在准确掌握这一点的基础上，提出了大胆的方案。这就是所谓的"知己知彼"吧（笑）。我认为，在之前住宅中的生活感受也是设计条件之一。

首先应注意开口的位置。是否有优美的风景、最远可以看到哪里，应从这些方面着手。当然，基础设施（自来水管道、下水道、煤气等）的位置、边界的重点和相邻土地边界的围墙结构等，我也会认真地确认（笑）。在现场，必须拍摄照片。因为后面可能需要确认邻近建筑物的窗户位置等。用较大的图像尺寸拍摄，可以放大局部进行读取。

在建设用地现场画草图，经常会有"是这样的布置吗"之类的感觉，似乎看到了已经建成的建筑物，此时，我会在手中的建设用地图上写各种内容，顺便简单地记录一下周围环境。尽管做了不少事情，但在现场的时间也就 30 分钟左右。这就是一次干净利落的现场调查。作为寻找设计灵感的现场调查，我觉得做到这种程度就足够了。

重要的是去现场之前自己脑海中的知识和经验储备。关键是能否像魔术师一样手法多样，这样设计的话就用这种方法，那样设计的话就用那种感觉的方案。为了具备这种能力，应该怎么做呢？只有去培养自己的判断能力。看见好的东西（建筑），就去揣摩（读懂、抄写）。

A.

答：首先应该寻找开口的位置。重要的是看到建设用地时自己脑海中的知识与经验储备。为此，需要培养自己的判断能力。

Q.

问：现状调查应确认的重点是什么？

05

问：对于建筑与周围建筑物和街景的协调，你是怎样考虑的呢？

06

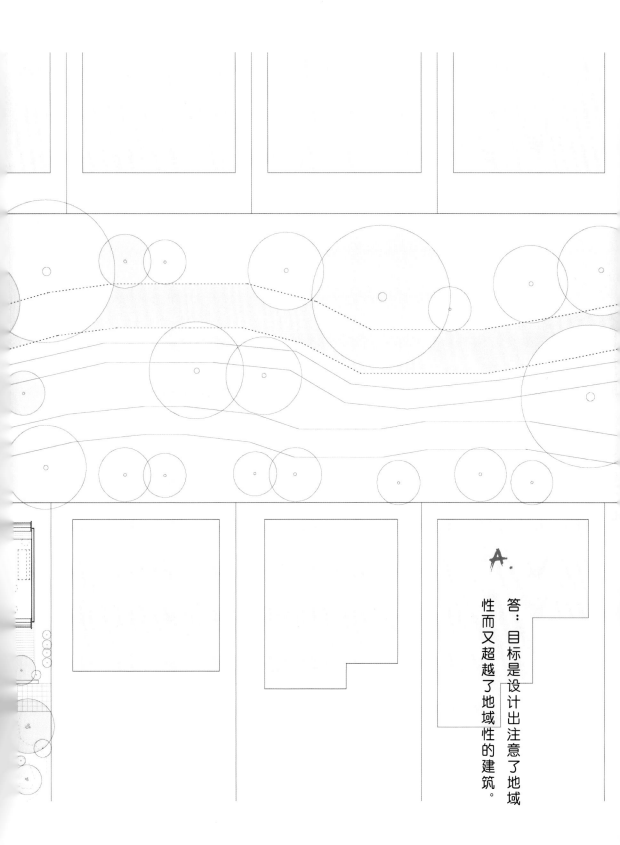

A.

答：目标是设计出注意了地域性而又超越了地域性的建筑。

超越了地域性的住宅、设计是怎样的呢？我平时经常考虑这个问题。

彼得·卒姆托（Peter Zumthor）是瑞士的一位建筑师。我数次参观他的建筑，虽然他使用了当地的材料，但他的设计绝不迎合当地的样式。不过，他会导入当地的风景，他心中的建筑就是一道风景。

我随意地将超越地域性列入了"著名建筑的条件"，其实不就是花时间用当地材料表现新的内容吗？这样就可以设计出既考虑到地域性又巧妙地超越地域性的建筑。

卒姆托的瓦尔斯温泉浴场的外墙是将当地的绿色石材切片后层叠而成的。在顾及了周围用粗石堆砌的民居的同时，以一种细腻的表现方式，创造出了融入周围风景的建筑。

居住者若是有车一族，则车库的位置很重要，甚至可以说车库决定了一切。

建设用地中，哪里最方便停车呢？采用怎样的停车方法呢？此时，玄关与车库是怎样的关系呢？要将居住者的"动态"一个一个地问清楚。虽然有几种大的类型，但并非要顺应潮流。凭直觉亲自去画，感觉平面图开始渐渐成形，就可以看出布置了。

建筑物为住宅时，居住者通常会有各种要求，此时，最好的方法是一边摸索一边总结。我认为没有具体的理论。但是，从车库的位置开始着手是毫无疑问的。我忘记更换驾照，其已经失效了。我现在不能开车了（笑）。

我认为，住宅中稳重是重要的，但"动态"（动线）更加重要。

A.　Q.

问：关于建筑物的布置，你有什么想法吗？有什么理论作为依据吗？

答：有汽车的话，就要考虑车应该停在哪里。从这个问题开始。我认为对住宅而言最重要的是『动态』（动线）。

07

从马路可以穿过建筑物看到
散步道。

职业棋手羽生善治说过一段耐人寻味的话：对弈时，并非能预见的步数越多越好，而应该推敲最初凭直觉想到的 3 步。能够预见 10 步，棋艺反而不一定强。

可以说，看了建设用地后，设计也仅限于几个方向，"大概是这样的（设计）组合吧"。比如，设计成"嵌套结构"似乎比较有趣，满足车库周围的动线是重点，在小小的家中融入长长的动线。又如，想要移动的快乐，把沙发放在建设用地的这个位置，等等。

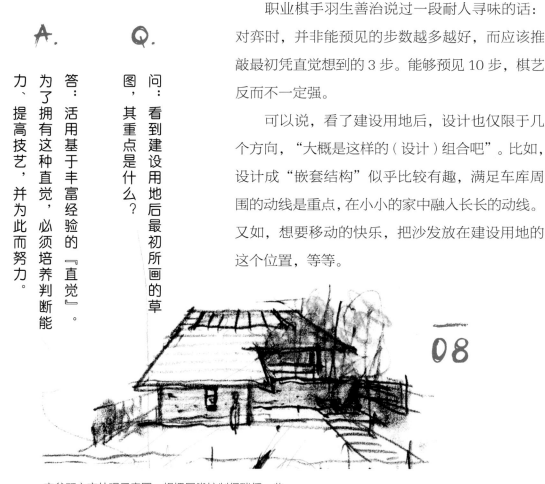

08

守谷町之家外观示意图。想把屋脊控制得稍低一些。

对建设用地外观的再思考

某客户联系我说道："有一块候选的建设用地，我想请您帮我看看，判断一下是否可以买。"这是一块被住宅建造商的住宅环绕的拆分出让地，其里面（北面）有散步道，外面的马路与里面的散步道有一种通透的感觉。散步道充满魅力。

刚好那个时候，我重访一处令我非常心动的住宅。在冲绳的北部从本部半岛乘坐轮渡约 1 小时，到达一个名叫伊是名岛的小岛。时隔 23 年我再次登临该岛上与王室有关的古宅铭苅家。

铭苅家与以前相同了，不对，是因为我成熟了，判断能力提高了，所以觉得铭苅家比以前更美了。住宅的屋脊低，外观朴素，却感觉其包围在高品质氛围之中。"外观"的英文是"atmosphere"，也可以是氛围、大气、空气、彗星在内的气体。我相信，从漂亮的外观，如建筑、环境、设备、材料等各种要素的良好平衡中可以表现出设计者、业主的美好愿望。

我一边漠然地想着这些，一边确认着停车位置和玄关位置。

据《提高记忆力的秘密》（池谷裕二、系井重里著，新潮社，2005）的人气作者池谷裕二所说，大脑中有两个部分即智力之源前额叶和目前深受关注的纹状体，即使在人成年后，仍然继续生长，纹状体似乎是贮存"骑自行车方法"的地方。有报道认为直觉就是由纹状体控制的，从而引发热议。据说，直觉与灵感不同，事后思考的话，灵感可以找到其产生的缘由；对于直觉，事后思考也不知为何会这样。

提到直觉，人们容易想到它是人先天具备的部分审美意识。但实际上，它是通过人的从小训练产生的。如同骑自行车一样，重复练习多次之后就可以掌握，那是人自身努力的结果。

我想，重复多次欣赏美的事物（培养判断能力），重复到厌烦；亲自动手（提高技艺），得到的直觉就会反映到草图上。如果有理论依据的话，那么，应该可以创造出培养判断能力、提高技艺的经验吧。我也许正想通过从车辆的位置动手这一似乎是"理论"的，以及经常意识到的"设计标准化"使上述"经验"可视化。利用羽生先生和池谷先生所说的直觉（经验），画出具有方向和形状可见的草图，并将其交给项目负责人一起研究。交付时需仔细说明，比如想往这个方向设计。有时也需要与自己不同的、外部的直觉（经验）。

冲绳铭苅家的外观，朴素但有品位。它告诉人们比例的重要性。

在住宅建造商的住宅区中表达这样的"外观"是很重要的。

居住者经营着工程事务所，因为工作关系，需要3辆车的停车空间。为了方便车辆出入停车场，我决定将停车场定在距离马路最近的位置，利用剩下的空间设计住宅。因此，未采用将住宅全部集中放在南面的普通布置方式，而是像一座小型中庭住宅一样，将庭院围起，空间朝马路对面的散步道敞开，营造开放感。

住宅建造商的住宅鳞次栉比，我想在其中建造一座像铭苅家那样幽静、低矮又小巧的住宅。完全挡住来自马路视线的住宅很多，但在此处，感觉马路对面的散步道像穿过了住宅一样，很舒服。外观不就是应该这样吗？于是我抱着这样的念头，画了草图。

平面设计的推进方法

这是幕张本乡之家。它是一座小型住宅，客户喜欢爵士乐，所以在一层设置了一间音乐室，视线可以望到外面，尽管进行了隔声处理，但并不会感觉闭塞。为确保客户可以在音乐厅中毫无顾忌地与朋友一起欣赏音乐，设计了小型出入口，这也是其特色之一。客厅在二层，卧室比客厅低一级台阶。为营造出"浮在半空的感觉"，虽是在二层，也采用了落地窗的设计。

因为接受了设计工作，所以会努力满足客户的要求。但是，在接受设计工作之前，我会通过闲聊告诉客户，你的要求虽然重要，但土地的潜力也很重要，应该让自己的生活适应土地的现状，那样才能生活得更舒适。

同时，希望客户理解，我不是那种一味努力满足、实现居住者愿望的设计师，当然也没有那种令世人惊叹的新颖表现方式（笑）。大部分客户一开始就明白这一点……

有些客户脑海中都是杂志中漂亮图片的剪报以及出自各个建筑大师之手的蒙太奇手法，所以从一开始我就会告诉客户，我只能做自己的设计（我不聪明，也没有干劲）。

对于今后要建造怎样的住宅，需要看到建设用地后才清楚。我这样说的目的，也是为了牵制客户，以便轻松地投入设计之中（笑）。客户的期望只能来自于他们的经验（包括剪下的杂志图片）。我会尊重客户作为居住者的体验，但是，在建造和设计方面，希望客户尊重我作为专家的经验。

我记得以前读过有关宫胁檀先生的故事，他对客户说："我尊重作为居住者的你，也请你尊重作为建设者的我。"我认为这句话包含了建筑师想对客户说的千言万语。这句话想表达的是，在明白客户生活上的期望之后，其他的就交给我吧（笑）。

问：你能多大程度地满足客户的要求呢？无法满足时如何对客户解释呢？

答：我会尊重客户作为一位居住者的体验，但是，我会向客户说明，希望在建造和设计方面，尊重我作为专家的经验。

09

客户期望的程度因人而异，能够多大程度地满足其期望是没有答案的。认为可以满足的期望就接受，认为无法满足的期望就在现场予以说明。说明原因之后，有利于进行建设性协商，所以尽管开诚布公地说明。我认为，重要的是彼此之间明确地传达自己的价值观。如果意见总是不合，或无法建设性地交换意见，那就只能退出这项工作。遭遇价值观不合，或者作为建设者得不到应有的尊重，只好说"相互间无法达成一致，请去找其他公司合作吧"。遗憾的是，一年中总要说一次这句话。

被委托工作时，于客户初次接触基本上都是通过电子邮件。数年前，客户通常是通过电子邮件或电话联系说希望见一次面，然后见面商谈 1 小时左右，之后再接受委托。如今，客户在电子邮件中直接提出委托设计内容这种情况增多了。

一般都是初次在电子邮件中进行自我介绍，说明自己想盖住宅。接着在下一封电子邮件中提出对住宅的期望。再次感受到时光的流逝（笑）。之后就是提出见一次面。此时，我会提前说一下，"钱的问题很重要……"大致问一下总费用是多少。我会问，"钱没问题吧？"（笑）最近甚至初次接触就已经谈到了钱的问题。

只要未达成预算，即使你认为客户人很好，住宅营造也不一定成功。因此，达成预算很重要。

Q. 问：在平面设计阶段就要有成本意识吗？

A. 答：在平面设计之前就要有成本意识（笑）。

10

幕张本乡之家的入口。回望走道。

从以往的经验来看，认为依靠在设计上下功夫、设计人员的努力，而勉强接下的工作，往往结果不佳。精力几乎都用到了非营造住宅的方向。最终给很多人添麻烦。合理的预算是营造好住宅的标准。虽然谈钱很冰冷，但事实如此。

通常人们很难理解，在严格的预算范围内，营造尽可能好的住宅，最终无法解决的难题可能会层出不穷（笑）。因此，对于不合理的预算，我是不接受委托的。费用很重要，开始平面设计后，我会经常关注钱的问题。演示时也会谈预算问题 [贷款费用等不详，故不谈（笑）]。之后，在商谈的各关键环节向客户提示、确认当时的总费用。在商谈的过程中，营造一座好住宅的梦想在膨胀！

对于客户的期望和土地的潜力都要做好预算。成本监理也是设计的重要工作！

"我去看一下建设用地"这句话意味着"开始工作",看建设用地时,设计就已经开始了。如上所述,之前虽然聆听过客户的要求,但我并未问过详情。因为我是想抓住客户期望的要点,喜欢说"后面的事就交给我吧"的那种类型(笑)。

我认为,营造住宅的动力在于建设用地。在看建设用地时,找到满足客户期望的设计的线索(直觉),平面设计就开始成形了。

去看建设用地时,只要不是外地,我就尽量确定负责该项目的员工,并带上该员工一起去看建设用地,这样可分享设计的方向性。此时要把心里想的都说出来,"这个方向为主开口""车辆停这里吗""邻居将来可能会改建吧"等。大致在返程的电车上我们已经开始画草图了,如果可能的话,应该利用在现场感受到的"就这个方向吧"之类的"直觉"在现场画好平面图。

Q. 问:请讲讲平面设计的步骤吧。平面设计是你一个人做吗?与员工是怎样分工的呢?

A. 答:方向性是我确定的。与员工合作并一起研究设计到最后阶段。

幕张本乡之家的布置计划

第一章中已经对布置计划进行了阐述。下面对幕张本乡之家的布置计划进行大致说明。

该住宅是一位非常喜欢爵士乐的男士的单人住宅。他希望有一个空间,可以与朋友相聚时,品尝着美酒,放着爵士乐;因为音响效果的关系,客户希望天花板的高度达到2.7米。住宅的设计就按他的这一期望开始了。我一边思索着音乐室与起居室的关系,一边看着建设用地。建设用地的西南面是马路,远处是京成线的铁路。居住者喜欢电车,所以这样的环境没有问题,也许这才是他购买土地的决定性因素(笑)。建设用地的东南面是一栋两层楼的公寓,如何保护隐私是我看到这块土地时的第一印象。

如果不亲自画草图，就无法与员工一起探讨平面设计图。如果最初不动手，就无法成为"自己的设计"。向员工说明、分享准备在哪个方向结束。一旦确定可能的结束方向，就交给员工，告诉他其他几种可能性，请他思考一下。从这里开始与员工一起全面合作。员工之中可能有人想进行与所长不同的设计，可能有些事务所认可这种事情，但是，我不认可。我认为，把住宅设计这种工作完全放手交给员工的设计事务所，其工作品质不稳定。若风格和设计价值都因项目负责人而异，则工作品质也会因责任人而异。另外，如果想进行自己喜欢的设计，就应该独立出来，自我负责地进行设计活动。虽然这是一个复杂的判断，但我还是想维持两人合作的信赖关系，更好地发挥相互间的优点。

设计工作应该按照组织的负责人，也就是建筑师所擅长的方向进行。在做好所吩咐的工作和应该做的工作的同时，提供更多的支持，可以让设计升华为质量更高的设计，这样的员工才是我所期望的员工。

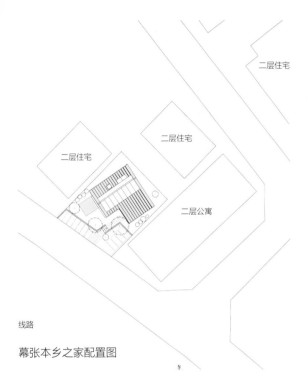

二层住宅

二层住宅

二层住宅

二层公寓

线路

幕张本乡之家配置图

N

另外，居住者还期望留出两辆车的停车位。首先，车应该停在哪里呢？建设用地比马路约高出1米，将两辆车停放在较低的位置，上台阶后连接走道，土方量不大，感觉是合理的。为避开来自公寓的视线，保护隐私，将建筑物斜置。那时，一直想着这样做。

最初的草图中，只是将部分墙斜置，但是，若将整个建筑物稍稍斜置，不仅可以保护隐私，还可以让太阳能利用系统的集热面进一步朝南，提高集热能力。

另外，四边形用地成了三角形，可以与近邻土地产生距离感，还多出了绿地。

一层为音乐室，二层为居住空间，居住者期望的一层天花板高度可以通过下挖一层地面来实现。让建筑物在建设用地上斜置，确保了隐私，居住者可以自由地生活。纵向和横向上全部为斜线，草图绘制顺利。

12

看完建设用地到演示之间，有 3 周至 1 个月的时间。其间项目负责人还有其他几项工作，还有经营上的事情，依经验来看，时间上刚刚好。在这样的时间长度上，商谈四五次，报价所需的图纸就齐全了。设计总体时间为 3 ~ 5 个月。客户大多不清楚详细的备件，我们事务所是按照标准的设备进行报价的。从厕所卫生纸盒到毛巾杆、排气罩，都指定了商品编号。预算金额计算出来之前，客户难以决断，因此，"先看看金额吧"。在此，明确了交给我们这些专家的工作与居住者根据喜好决定的事情。"在报价过程中，请通过样板间进行确认吧"，就是这种感觉（笑）。

与客户见面进行商谈的时间是 3 周至 1 个月，但其间有事情时，可以通过邮件联系。

数周后，统计出金额，事情进入最后阶段。物品与价格一一对应，这样更容易做决定。

我与项目负责人频繁商谈。总之，即使相当细微之处也要进行报告和商谈，确保我能掌控所有信息。

动工时，必要事项大致已经确定，甚至包括色彩，但原则上不会进入现场与客户一起商谈。因为一切已经决定了。细节调整、追加或变更等只需在邮件中沟通即可。之后都是我方的事情，集中精力制作详图。

从合同到动工之间的平面设计时间因规模而异，大致在半年左右。大多在看完建设用地后 1 年左右交付。

但是，一切并非总是进展顺利。有时感到迷茫，无法抓住设计的线索。有时即使抓住了线索，但客户迟迟不下决断，甚至连设计组合都要进行变更。如果是细节部分还好，然而，有时就连设计的基础都迟迟无法决定，我认为此种情况下双方不投缘，所以选择退出，这也是为了保护双方的利益。

建筑师之中，也有人自夸与客户商谈了数十次。商谈很多次并不意味着能够做出好的作品，这只是混淆了自夸与辛苦。依我的经验来看，越是顺利的项目越可能是好的作品。想想看也是理所当然的，因为价值观一致。那样的话，我们就不用为客户难以理解的问题而忙得团团转，可以集中精力处理符合双方价值观的、期望的建筑，可以有更多的时间用来思考。

A.　**Q.**

答：我们是抱着不接受方案就退出的心态进行演示的。

问：听说平面设计演示只提交给客户一次，还会修改吗？

13

我认为演示很重要。看完建设用地，用 1 个月左右的时间研究方案。就像参加建筑设计大赛一样。虽然不是很紧张，但也没有想过在中途商谈或根据客户的情况延长时间。我认为，在此阶段，只考虑应该考虑的，若无法令客户满意，或价值观相差太大，最好是退出工作。

客户不满意的理由千奇百怪，若勉强去迎合的话，则会让自己偏离应有的方向，做与自己的价值观不符的工作，可能会影响自己今后数十年的名声。因此，我认为，此时应该果断地抽身而出。

细小的分歧和追加生活方面的要求当然没有问题。如果是因为我方的过失，应该向客户道歉并争取修改的时间，或者现场动手确认方向。但是，我认为，频繁地变更设计条件、迟迟不能做出判断、终日闷闷不乐的客户通常是犹豫不决之人、对住宅营造没有明确价值观之人或不善整理之人。对于这种犹豫不决的客户，我是不会接受的。我不想勉强推销自己的想法，若强行推进，今后将会受到数倍的反作用力。此时是判断彼此性格是否相合的关键时刻！

为了不辜负非常期待我的设计的客户和负责项目的员工，我会避免让员工从事其不情愿的工作和面临被投诉的风险。这些麻烦不仅会影响工作，还会影响到员工的干劲，消耗大家的能量。没有比这更无聊的事情了。

演示是加深信赖关系、充满期待的活动，同时，它也是破坏信赖关系、双方重新选择彼此的行为（笑）。

演示，需要全力以赴！

平面设计也许是"在某处布置功能"。该功能可以是使用方便，让人心情愉悦，也可以是暗示某件"事情"将要发生。另外，家具也是功能。布置家具后功能就产生了。

最近，我觉得住宅中有多少使人心情愉悦的地方变得越来越重要了。在创造令人心情愉悦的驻足处方面，家具也是不可或缺的。家具种类繁多，有成品家具，也有定制家具。像"15坪之家"那样，我也挑战过家具与建筑的融合。

明确地向居住者传达计划修建怎样的居所当然是重要的。但是，"住"这一行为都在客户的考虑范围之外（这点很有趣），他们反而比设计者更在意令人愉悦的使用方法、生活中的活用方法。我想，这才是我所期待的居住者与营造者之间的良好关系。我考虑使用很多家具，今后也可以在空间中灵活运用。

A.

Q.

答：平面设计是在某处布置功能（心情愉悦的驻足处等）。有时与布置家具的感觉相近。

问：关于家具的布置与平面设计图的关系，你是怎样考虑的呢？

14

尝试家具与建筑融合的"15坪之家"

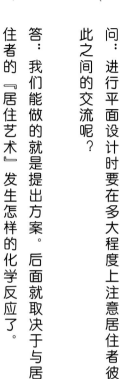
　　我们能做的就是提出让居住者感到愉悦的方案。具体如何使用，完全靠居住者的自由发挥了。一位住宅自建者曾经说过，"我不想连心情愉悦都由建筑师来决定"，对此我深有同感。这最终是由居住者自己决定的。我们只是提出方案，但什么都没有决定。我想，若能通过我们提出的方案与居住者的"居住艺术"产生有趣、使人愉悦的化学反应，那就太好了。

　　住宅不是由面积、预算、商谈的次数或起念时间决定的，而是由有多少让人心情愉悦的地方决定的。最终做出心情愉悦这一判断的是居住者，但是，与该住宅相关的人们的认可也很重要，建设者喜欢之处不也给居住者带来了大惊喜吗？这样的良性价值循环激励着我营造更好的住宅。我想说，对未知的快乐敏感的人们才是"生活名人"。

伊是名岛的铭苅家。石墙是曲线形的，像是在招呼人们进来一样。雁行形主房的旁边，有独立的附房，可能是古时候的畜舍或储藏室。主房和附房屋檐都比较低，十分美。

Q.

问：关于比例，你是怎样考虑的呢？实现完美比例的要点是什么？

A.

答：好的『比例』意味着好的『结果』，可以创造出好的『外观』。应该『更小一些、更低一些』。不做多余的设计。

16

我并非想营造吸引建筑界眼球的新奇建筑（我也没有那种能力）。将自己的设计价值放在哪里呢？即使客户问我"哪里不能让步呢"，年轻的时候虽然自己知道，但想要告诉客户时，却又意外地说得模糊不清的。后来随着经验的增加，终于可以说得很清楚了（如果把这种变化称为老化，那就另当别论了）。

如果有人问我"设计重点放在哪里"，我想应该是"竣工状态"。提起竣工状态给人感觉太老土了，我也觉得必须自己进行定义。竣工状态是指住宅均衡地完工。设计难题完美解决，没有缺陷，不会给周围带来厌恶感。换一种说法的话，是指达到了"满足条件""得到认可""这样正好"的程度。此外，也包含比例良好的意思。我认为比例一词通常是指数字的平衡（形状的平衡），但我觉得，经常把比例一词挂在嘴边的吉村顺三先生所指的意思接近竣工状态。如果擅自补充的话，我认为也含有"没做过头"之意。

这是前述铭苅家的出檐。在冲绳，把屋檐下的空间称为雨
端（出檐）。"下雨时如果站在它的下面，就很容易理解
这个词的意义了。有雨的部分是外部，屋檐端部的里面就
是内部了。我认为在设计中节点很重要。外部与内部的节
点是檐头，它的高度是比例的要点。"

我平时说"好的比例"时，大多是指剖面的尺寸、高度。我经常说，"尽量控制得低一点，比例会好一些""天花板再稍微降低一点"，并且总是在意视线高度看起来是什么样子。

　　我感觉只要特意尽量往低建，就可以自然地得到好的比例。尽量控制得低一些，再低 50 毫米也好，100 毫米也好。剖面的操作会给比例带来很大的影响，而且可以让外观变美。可以说，美丽的外观源自好的比例。

　　简单地说，我总是留意"更小""更低"。就是说不要浪费。比例会体现设计者的审美观（已经养成的判断能力）、社会性和分寸感。因此，我已经完全死心了，只要一直在意好的比例，我就无法做出令世人惊叹的独特设计了（笑）。

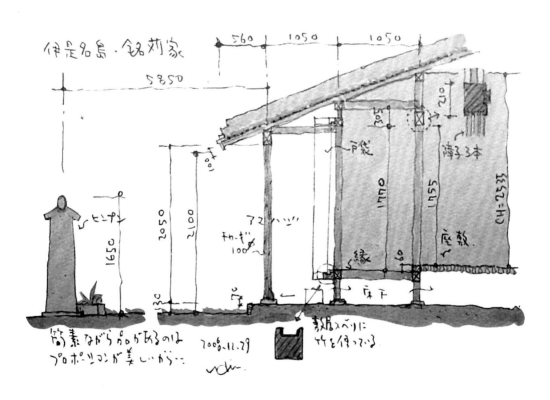

这是伊是名岛铭苅家的实测图。何谓好比例、好外观？铭苅家给出了答案。"让人觉得控制得稍低的檐头体现了该住宅的谦虚和宽容。简单而有品位就是指此类建筑吧。"

我认为，设计时不用网格，如果没有相当明确的意图是无法进行的。即使不用网格完成了设计，施工人员不还是要放在网格上进行研究吗？

似乎有人觉得"如果一直想着网格进行设计，只能设计出平淡无奇的作品"，但我并不这样认为。我一直把网格这种坐标当作基本，因此尽量在网格上设计。

我用的是 909 毫米网格、关东间（日本关东、东北及北海道地区使用的房间柱间距标准尺寸，以柱心间距 1818 毫米为 1 间）。倘若有人问我为什么使用 909 毫米网格，我无法做出明确的回答。我的做法是从丸谷博男先生的事务所沿袭来的（丸谷先生沿袭了奥村昭雄先生）。不管怎么说，数字看起来很漂亮。909 毫米（3 尺）、1818 毫米（1 间）、2727 毫米（1 间半）、3636 毫米、4545 毫米、5454 毫米，相同的数字一直重复出现。1 尺为 303 毫米，2 尺为 606 毫米，3 尺为 909 毫米，4 尺为 1212 毫米，5 尺为 1515 毫米，6 尺为 1818 毫米……你不觉得漂亮吗？

经常有人问我"910 不行吗"（笑）。我回答说"换成 910 也可以的"。这似乎是作者自己的执着吧，而且只是 1 毫米之差。我判断，只要营造者乐意，把它看成 909 就没事了（笑）。因为网格是结构的标准，是坐标。

模数也是经由丸谷先生沿袭了奥村昭雄先生的"奥村模数"。30、60、90，像这样，每次增加 30 毫米。我记得先生说过可以使用尺，可以被 2 和 3 整除。

A.

答：我认为网格是结构的标准，模数是生活尺寸的标准。

Q.

问：对于网格，你怎么看呢？模数是固定的吗？

17

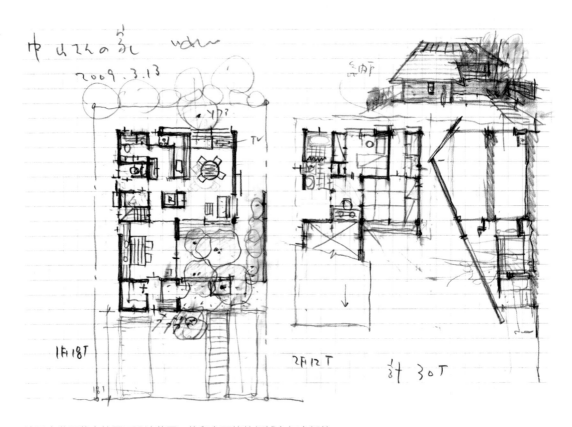

这是守谷町住宅的平面设计草图。将印有网格的纸铺在打字纸的下面进行平面设计。尽量对上网格，将网格作为参照调整比例。

"909毫米的网格若变成960毫米或1000毫米的网格，就会乱套。我认为，网格是设计人员形成基本尺寸感的重要因素。"

　　例如，窗台的高度通常为700毫米，但我会将高度设计成690毫米或720毫米。对于800毫米的高度，我会将其设计成780毫米或810毫米。门宽度等虽然也是以模数为标准，但门框周围的节点已经自动地决定了出入口的宽度。因此，此处模数被排除在外。可以说已经被网格决定了。

　　我认为模数是生活尺寸，换句话说，是为人设计的尺寸。因此，对于门宽度等，若也设计成自己期望的尺寸，则应在网格中进行偏芯处理，或将21毫米的细木工板在柱的宽度中错开竖起进行调节。

　　网格和模数都是设计的标准，是沿袭下来的"合理"的共同财产，因此，在日常设计中，在沿袭的同时，还要随机应变地利用有意义的"偏移"来实现设计目的。而这些"偏移"有不少也是从前辈那里沿袭和借用的。

这是幕张本乡之家的二层平面设计图。它不宽敞，家庭成员也不算多，但可环绕的动线很多。"我认为，可环绕动线为我们提供了超越'纯粹只是方便'这一价值观的乐趣和轻松感。数条动线重叠，动线的尽头都有驻足处。在住宅之中，我们也是边移动边休息。"

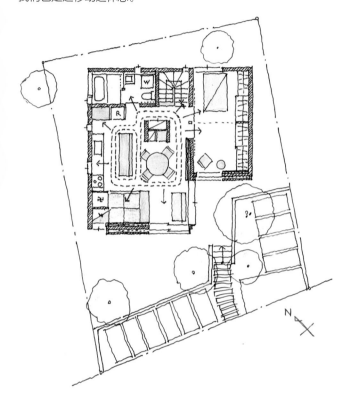

可能由于我性格不够稳重吧，我觉得可环绕的住宅是好住宅（笑）。因为我认为，比方便更重要的是，通过多条路线到达目的地会给人们带来惊喜和愉悦。但是，可以肯定的是，简单的洄游会给住宅带来不稳重感。有时为了追求洄游，可能会牺牲储藏空间，或者使住宅中没有家人聚集的空间。但是，若能意识到"动中才有生机"，就可以在运动之中，主动地使用住宅中各处的设施。如果没有正确地设计"稳重"与"运动"，是无法制造愉悦感的。若过分关注"稳重"，则容易产生乏味感。

通常我们在家中一边移动一边生活。我重视可移动的愉悦感。

我设计小型住宅的机会比较多，越是小型住宅越应该细致地设计移动性。

这是幕张本乡之家。二层客厅的中间是圆桌，圆桌的周围是可环绕动线。图中的三条可环绕动线再加上桌子周围的动线，总共有四条可环绕动线隐藏在这张图片中。

这是只有一室空间的守谷町之家。厨房的对面摆放着一张沙发，可以欣赏到散步道的景色，电视机放在正面，视线可以看到带露台的中庭。坐在沙发上，可以完全遮挡来自会议室的视线，使人内心安宁。

虽然我并没有在意一室空间的平面设计，但感觉应该就是这种风格吧（笑）。

现代的住宅，单间越来越多，即使是在家庭内部，公共空间和私人空间也区分得很清楚。以前，除了开放使用的气派玄关和客厅之类的公共空间之外，为取暖而用隔扇等将空间分隔成较小房间前，住宅本来就是一室空间。一室空间是日本的传统，作为一种文化流传至今。

本来是一室的住宅变成现在这种情形的主要原因，在于商品房和高级公寓的平面设计手法，比拼几室几厅。

日本本应多元的空间文化被仅有单一功能的房间和一元化空间所构成的住宅所取代，商品住宅与居住者不知在哪里发生了背离，生活变得乱糟糟的。

A. **Q.**

问：做好一室空间平面设计图的要点是什么？

答：一室空间中分布着多个驻足处，通过动线将这些驻足处连在一起很重要。

19

人们的生活是无法像几室几厅的套房那样清晰地进行分割的。让驻足处点缀于各处，既不是设置在房间中，也不是用墙壁隔开，而是在一室的空间中进行设置。我认为培养独立能力，需要可以一个人独处的空间，即使面积小也没有关系。但无须作为一间房间独立出来。重要的是自己所处的"驻足处"与大家保持着距离，但同时又可以与大家共享。

家中有很多驻足处，若能在平面设计的过程中将这些驻足处清楚地传达给居住者，则会减少失败的可能。设计出令人开心的一室空间不是一件简单的事情。能否成功，取决于能否通过动线将这些驻足处串联起来。应该是可环绕、容易到达、使各驻足处合理分布于一室空间之中。今后的住宅设计有必要思考居住者之间的关系和距离感。

Q.

问：怎样才能做好平面设计呢？让平面与剖面完美结合地进行设计是一件难事。可能每次都设计出相似的平面图。每次都要加入创造性吗？

学生时代，我经常阅读宫胁檀先生的著作，主要是因为我对住宅有着强烈的兴趣，另外，没能跟上当时盛行的观念性建筑论的势头也是一个很重要的原因（笑）。

我是琉球大学建设工程专业的第一届学生，刚开始学习建筑的时候，也没有学长给我们正确的建议和强烈的影响，平时只能通过书籍获取信息，在那里冥思苦想。其中，宫胁先生那机关枪般率真的言行和能说会干的样子，对来自农村的学生而言，无疑是一窥建筑界概观的最佳选择。通过宫胁先生，我有幸接触到了包括吉村顺三先生在内的诸多建筑师的思想。宫胁先生的著作中提到过设计的学习方法可以改善住宅平面设计的方法。宫胁先生的秘诀在于详细地画下著名建筑的平面图，并默记于心。记忆中，似乎他在书中自夸能画 300 幅左右的平面图（笑）。作为崇拜宫胁先生的、来自农村的、喜欢住宅设计的学生，不用说，我当然立即开始了模仿（笑）。

对于包括宫胁先生在内的，吉村顺三、清家清、增泽洵、林雅子、内井昭三、山下和正、西泽文隆等正统大师所设计的住宅平面图，我会将描图纸置于其上，自上而下进行描图（手绘），一边用手感受，一边思考为何设计成这样。虽然我认为没有必要记住所有细节，但是，在理解自己真正喜欢的住宅设计时，这的确是很有效的学习方法。当然，还可以借助图片或图纸，有时也对着图片进行素描。

我认为，该学习法就是宫胁先生流传下来的关于学习建筑的那句话，"培养判断能力，提高技艺"。

因为若用硬线条誊写或测量尺寸后再填入，则需花费太多时间和精力，无法持久，所以只需快速地抓住整体的关系并持续下去即可。

若认为剖面计划有趣，也可以用描图纸进行描绘。外语学习法中有一种方法叫"词汇大厦"，即"Vocabulary building"（词汇增强法）。宫胁先生的方法与"词汇大厦"有相似之处，是平面设计方面的词汇增强法。不过，平面设计的词汇表现的是设计人员的价值观，像了解其类型（风格）一样的感觉。与其背诵单词，不如同时也学习设计理念和设计态度。

虽然说不清理由，但我认为只需对那些认为"真美啊"的住宅进行描图即可。

此外，在学习一种知识时，不应这个也学那个也学，而应先从一个人那里集中学习一种价值观，我认为这才是进步的捷径。对初学设计的人而言，宫胁流派"设计的词汇大厦"学习法是有效的。

答：对于好的平面图可以用描图纸进行临摹练习。一边动手临摹，一边思考这个平面图好在哪里。坚持不懈地练习下去，就会得到提高。『培养判断能力，提高技艺』正是如此。

20

短评

卢努甘卡肉桂山宾馆

我住在了被誉为"巴瓦的理想家园"的卢努甘卡肉桂山宾馆。

这是巴瓦自 1948 年开始花费大量时间设计的理想家园。竣工于 1998 年，可以说其见证了巴瓦的人生。建筑点缀于宽广的土地之中，作为景观完全融入其中。我所住的客房自餐厅楼翻过肉桂山步行约 5 分钟，途中可以看见湖泊，视野突然开阔。这也是巴瓦特意做的景观设计吧。

肉桂山宾馆的玄关前有一个被大大的屋顶所覆盖的富有动感的半户外空间。该空间备有蜡烛吊灯，晚上也可以使用。

室内布局有带华盖床的温馨房间，卫生间凸出，与床呈 L 形，室内装饰简洁而复古，且充满浪漫气息。但令人遗憾的是，室内没有热水，出的水带锈色（笑）。

从床边延伸出的卫生间使用非常方便。
浴室可点着蜡烛放松身心。

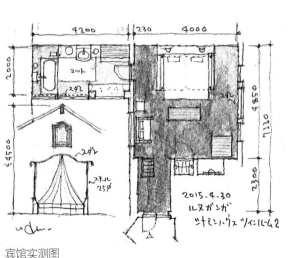

宾馆实测图

在大型半户外空间可以欣赏宽阔的庭院，似乎也可以围坐在桌旁举行聚会。

建筑物信息

卢努甘卡肉桂山宾馆

所在地：斯里兰卡本托塔

设计：杰弗里·巴瓦

竣工：1998 年

第3章 开口

Irei Satoshi's House Design RULE

Q/A 21-30

CASE 03-12

通过剖面图、立体图来思考

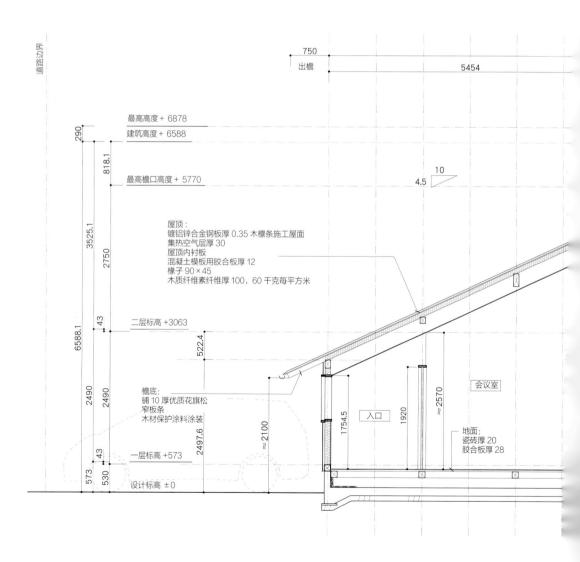

道路边界

750
出檐
5454

最高高度 + 6878
建筑高度 + 6588
290

818.1

最高檐口高度 + 5770

10
4.5

屋顶：
镀铝锌合金钢板厚 0.35 木檩条施工屋面
集热空气层厚 30
屋顶内衬板
混凝土模板用胶合板厚 12
椽子 90×45
木质纤维素纤维厚 100，60 千克每平方米

3525.1

2750

6588.1

43

二层标高 +3063

522.4

2490

2490

檐底：
铺 10 厚优质花旗松
窄板条
木材保护涂料涂装

2497.6

≈2100

1754.5

≈2570

1920

会议室

入口

地面：
瓷砖厚 20
胶合板厚 28

573

530

43

一层标高 +573

设计标高 ±0

21

问：我听说过做设计必须画大样图。理由是什么呢？我认为大样图是最重要的图纸之一。

5454

600

房檐

10
4.5

相邻地块边界

北侧斜线

集热玻璃 2100

≈1180

阁楼

阁楼层标高 +5347

34

+5000

檐底：
铺 10 厚优质花旗松
窄板条
木材保护涂料涂装

天花板高 2027（梁下）

天花板高 2160

儿童房

1800

2250

390

43

二层标高 +3063

天花板：
ENUSCOAT（天然内部
装修乳剂漆）喷涂
膏板厚 9.5

天花板高 2160

厨房

2490

43

一层标高 +573

面：
松地板厚 15
合板厚 28

530

设计标高 ±0

这是守谷町之家的剖面详图，是普通工作中所画的 1：50 剖面详图。剖面只截取了必要的部位，不是大样图，没有画入规格。"因为是剖面图，只需知道高度就可以了。画入规格我觉得是多余的。专业杂志画的是 1：30 的剖面详图（这是大样图！），那是发表用的。我想，虽然用较少的图纸向读者（设计专家）传达大量信息是件好事，但是那样的话现场施工时很难看清楚，给人的感觉是写满无用信息的图纸。现场图纸不是应该正确地传达必要信息吗？"

大学毕业后，我开始在建筑师丸谷博男先生的手下工作，需要画1：20的大样图。大样图是决定该建筑外观（比例）的图纸，在表现建筑的"复杂整体"（建筑、结构、设备等复杂地交织在一起）方面是很重要的图纸。它是比剖面详图更复杂的特殊图纸，令人感觉大样图不是简单的图纸，而是"作品"了。投入大量的干劲和精力（笑），全面表现该建筑的特征，把它当作作品来完成。我相信，建筑物成功与否取决于大样图。

我现在对此也是深信不疑。但是彻夜绘制的瓷砖纹理及其他细节，若因协商不成或预算削减等导致变更，则还需要重新绘制。有时因变更的内容造成建筑外观更改，需彻夜开始重新做，真辛苦啊（笑）！一旦这种事情经常发生，对大样图的各种不满涌上心头也不足为奇（笑）。

我们奉为圭臬的大样图，在现在的设计过程中，已经变成了人们难以熟悉的图纸。在 CAD 的时代，从快速把握建筑的全貌、积累准确判断的现实"工作"这一观念出发，大样图已经开始显得浪费时间和精力了。因此，我想，是否应该把大样图改成用来决定高度的图纸呢。只需是全面地确定了基础高度、各层的天花板高度、檐口高度、建筑高度、最高高度、屋顶坡度等，施工人员能够轻易理解的图纸即可，除此之外没有任何其他作用。那样的话，"设计行业特有的桎梏"就会消失（笑）。绘制大样图需数天时间，但若我们只用它来决定高度，则只需数小时即可画好，可以极快地应对工作变更。想快速地整理图纸，掌握全貌，我认为重要的是无须花费不必要的时间和精力。把节省下来的时间用在绘制框架周边详图和各局部详图上，可以极大地提高工作质量。

答：未画1：20的大样图，而只是画了标示有必要信息的1：50剖面详图。大样图被处理成标示高度的图纸，这样，利用原本画大样图的精力来画框架周边图的详情，便可以开展高品质的工作了。

永田昌民老前辈也是不画大样图的建筑师之一。"与其画大样图，不如画更多的剖面图。"他还建议，"最好是画很多的剖面详图"。这是很合理的想法，我深有同感。将欲知道高度之处绘制1∶50的剖面图，掌握与自己设计的建筑高度相关的全貌。1∶20的手绘大样图仍然属于"作品"吧。使用CAD是无法绘制出"作品"的。我认为需要彻底改变观念，大样图只需体现高度即可。或者说，我希望能摸索出大样图无法表现的新价值。

我们进行平面移动很容易，但是垂直移动从物理学角度来说并不简单。因此，我们不擅长垂直的移动和变化。正因为如此，我们才更应对此加以重视。在设计中，垂直设计（意识到竖向的设计）让我体会到了丰富的变化。

若用简单的尺寸去做，则垂直设计失败的可能性比较大。重现经历过的魅力空间，我认为这样的态度有助于切实体会垂直设计。在多次重复之后，可以形成具有自己风格的垂直设计，表现能力也会得到提高。

A.

答：设计时平面与剖面是交叉进行的。对于看不见的空气和热量，设计的同时也在考虑。我总想再现看过的垂直空间，在多次重复之后，不就可以形成具有自己风格的垂直设计了吗？

Q.

问：画草图时在多大程度上注意到了垂直联系呢？关于空气和热量流动，在设计时在多大程度上加入了垂直动向呢？

22

参观传统民居时，发现房间的隐形楼梯与上面一层神奇地相连，形成了一个神秘空间；畜舍的上方是一个小巧精致的开放式空间，可以存放木柴。这让我学习到了扎根于生活的实用型垂直空间用法。我感受到了被必然性和实用性证明的垂直设计具有不可动摇的强大魅力。我深深感到垂直设计更应通过源于自己的感觉和经验的实用价值来体现。在实际设计中，我掌握的垂直设计只有这一种。

关于空气与热量的流动，我大多会在空气和热量流动的基础上设计垂直空间。暖空气向上流动，冷空气向下流动，看不到的热量流动存在于垂直空间中。设计时留意空气与热量的流动，其与住宅的舒适度息息相关。对建筑师而言，设计肉眼看不见、

这是守谷町之家系统图（它是为本书的出版而制作的，将不可见的空气和热量的设计进行了可视化）。虽然分为剖面图（1：100）、剖面详图（1：50）和大样图（1：20），但原则上不绘制大样图。"剖面只需知道基础高度、天花板高度、层高、建筑高度、内距净高（开口部分的高度）等，我想只需清楚地知道高度即可。确定这些高度时，需要检查是否有足够的空间安装梁，配管是否可以轻松通过等，还需时刻留意比例是否协调。若想将高度降低一点，则需重新探讨梁的安装方案。虽然无须绘制大尺寸大样图，但仍需很好地处理大样图所具有的功能（比例、外观、空间的舒适性）。"

屋顶：
镀铝锌合金钢板厚 0.35，木檩条施工屋面
屋顶内衬板
混凝土模板用胶合板 厚 12
椽子 90×45
木质纤维素纤维厚 100，60 千克每平方米

▽檐口高度 +495

外部空气导入口：
带防火隔板

≈ 2100

1550

赤土陶砖厚 20

混凝土墙：钢筋混凝土 140 厚涂两遍表面含浸材料

拍摄不到之物,这种不起眼的工作难以得到人们的好评,但我相信自己有着无法撼动的优势(自我安慰?)。

空气和热量虽然看不见,但人们可以感受到,也可以进行测量,用数字表示出来。如果可以控制它,并通过垂直设计进行灵活运用,那就不是设计人员自以为是的感觉,而是有说服力的设计了。

从看完建设用地开始画草图起,就应该考虑空气和热量问题。在设计的同时需考虑到天花板高度和楼面高低差造成的空间变化以及移动时的空间特性。

一边回忆在旅途和日常生活中看过的空间和景色,一边思考着如何向客户演示。

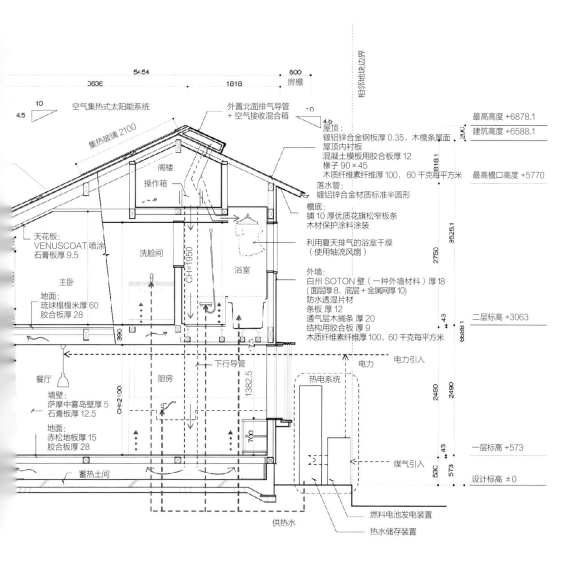

在确定层高前，需先确定天花板高度。根据住宅大小、邻居斜线限制（是指为确保邻居的日照、采光和通风等不受影响，对建筑物的高度进行限制的规定。超过限制时，需将屋顶斜切）、客户喜好，一边思考这次是最大程度地控制高度呢，还是按照相关规定将屋顶斜切呢，不知客户是否讨厌这种怪异的形状，一边进行评估。通常一层的天花板高度为 2100 毫米或 2217.5 毫米。这是基本要求。一层为客厅，想让它高度稍低时，若居住者是专业人士且能够接受的话，可以将天花板高度定为稍低的 2100 毫米。我们来看看守谷町之家吧。

A. 　 Q.

答：首先确定天花板高度，然后留意控制设备（配管空间），不浪费层高。

问：如何控制层高呢？

23

天花板高度为 2217.5 毫米的理由：最大尺寸的铝合金门框，其内距为 2200 毫米。与吊顶木筋结合在一起，安装厚 27 毫米的吊顶边框，再贴上厚 9.5 毫米的石膏板，则剩下的高度为 17.5 毫米。2200 毫米加上 17.5 毫米是标准的天花板高度。若想降低天花板高度，则需使用特殊尺寸（定制）的门框，或者加装垂壁，使用稍小尺寸的门框。

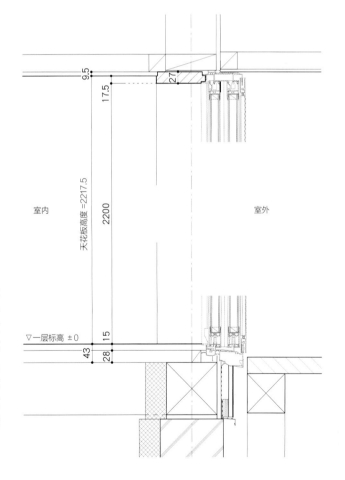

室内　　　天花板高度=2217.5　　　室外
9.5　17.5　27　2200
▽一层标高 ±0　15　43　28

2217.5 毫米的天花板高度是如何确定的呢？成品门框的内距尺寸为 2200 毫米，伊礼智设计室的吊顶边框厚度为 27 毫米，将它装在吊顶木筋上，再贴上厚度为 9.5 毫米的吊顶石膏板，剩下的高度为 17.5 毫米，再加上门框的 2200 毫米，天花板高度为 2217.5 毫米。

吊顶木筋应该可以一口气铺好。意想不到的是，它是由系统决定的。

确定高度后，将设想的梁高加上地面厚度 43 毫米（28 毫米厚胶合板 +15 毫米厚地板），与吊顶木筋 40 毫米、吊顶石膏板厚度 9.5 毫米及设想的梁下垂余隙 15 毫米相加，尝试计算层高。

例如守谷町之家，天花板高度为 2100 毫米，大梁为 270 毫米，再考虑到天花板的饰面等，层高需 2477.5 毫米。在此，取一个比较合适的数字 2490 毫米（根据奥村模数）。当然，层高并非一下子确定的，例如对照设备图，发现配管无法通过，就需修改梁的安装方法；或者立起柱子，将梁换成集成材，就需努力控制梁的厚度。如果实在没有办法，那就只好增加层高了（笑）。这样重复数次之后，就可以得到合理的层高了。我一直留意层高，避免浪费。

这是守谷町之家的客厅、餐厅。客厅的天花板高度为 2100 毫米。在竣工之前，就连居住者同时又是施工者的中山聪一郎先生（自然与住宅研究所社长）都很担心（笑）。不过，竣工后，那沉稳的高度令他完全释然了。"控制了高度后，水平方向的矢量相应增强，开口处得到有效利用。因开口处变得更重要了，故需进一步关注开口处的位置和大小等。"

这是守谷町之家会议室的挑空设计。挑空不是为了使天花板变高，而是为了联系上层与下层空间。虽然是挑空，也应尽量控制天花板高度。此处挑空最高处为 4120 毫米。

问：我认为巧妙处理天花板高度较低的部分是伊礼先生设计的特点之一。请问你是怎么考虑天花板高度的呢？

答：我一直在阐明，天花板高度稍低可带来良好的比例、漂亮的外观和愉悦的心情。

24

建筑师永田昌民先生也喜欢使用2100毫米的天花板高度。有一次我问他："（居住者）没有说天花板低吗？"永田先生答道："我就告诉他啊，那是心理作用哦。"（笑）虽然这是半开玩笑的一句话，但是，用来说明低天花板的舒适感最好不过了，如今，我也在实践中使用这句台词（笑）。

高低只是感觉问题，难以进行逻辑说明，越是努力解释，越可能适得其反。

先微笑着说明自己拥有足够的经验，让对方体验实物。即使现在感觉有点低，但很快就会习惯，反而会觉得舒适。的确可以说是心理作用（笑）。

经验表明，稍低的天花板可以带来舒适感、美好的比例和漂亮的外观，我相信这一点居住者也能感觉到。

按照以往的经验，如果是 2100 毫米的天花板高度，约 80% 的人会认为高度稍低。但是，如果把高度提高至 2217.5 毫米，则有约 80% 的人根本不在乎，他们没注意到（笑）。当然，门框、窗框一般使用直达天花板的全框，天花板上也几乎不装照明装置，开关和插座通常安装在稍低的位置，踢脚线也使用稍小的，或者想办法在最后装饰时将其掩盖（笑）。

因此，通常天花板高度设计为 2217.5 毫米。

但是，数年前设计的小田原市的住宅按 2217.5 毫米的天花板高度处理时，没想到客户竟然说，"我想把天花板高度降至 2100 毫米"，我真想叫他"模范业主"（笑）。最后建成了一幢舒适而又朴素的住宅。

该低的地方低，也有高的地方，只要达到了平衡，似乎大多数客户都会接受的。

若有挑空时，甚至有客户认为 2100 毫米的天花板高度还可以再降。

关键是，应告诉客户并非高一点或者低一点就一定好，平衡才最重要，从而将高度控制得稍低。

小田原市之家的客厅。天花板低的部分为 2100 毫米。有挑空时，可以将一层的天花板（层高）控制得稍低。

A.

答：单纯的无障碍地面有时会显得无趣。我会通过设计组合，摸索建造出快乐的空间。

Q.

问：你现在的设计通常地面带有台阶高低差，如果客户希望地面无障碍，该怎样处理呢？

25

虽然我会优先满足客户的期望和生活条件，但我认为没有台阶高低差的设计很容易变得无趣。就像毫无凹凸感的地图，虽然很容易看懂，但感觉乏味。

垂直设计可以使空间产生变化。通过台阶高低差，可以让地面变成家具，创造出方便使用的驻足处。当然，并非随意地进行台阶高低差设计，例如为了获得良好的音响效果而降低地面，确保天花板高度（幕张本乡之家）；榻榻米抬高高度不是当作地板，而是当作家具使用（在小型和室经常这样使用），目的非常明确。

垂直设计可以让人们强烈感受到空间的变化，在进行台阶高低差处理时，有 120 毫米、180 毫米、210 毫米、240 毫米、300 毫米这几个尺寸可选。

180 毫米以下为普通台阶高低差，210 ~ 300 毫米台阶高低差可以具有长椅般的功能。在某种意义上，台阶高低差可以说是"建筑"与"家具"的无障碍地面。但是，并非千篇一律地全都采用台阶高低差来营造快乐的空间。

我在冲绳设计过一栋两代人居住的住宅。高龄的母亲与儿子一家住在一起，儿媳说："妈妈的腿脚越来越不利落了，所以想要无障碍地面。因为是婚后才一起生活，在重视双方生活习惯的同时，厨房、卫生间共用，但又想保持适当的距离感。"室内的台阶高低差少，几乎是平房一样无障碍，如果只是进行普通的设计，则又容易显得单调。

在此，给了我灵感的是名为"识名园"的琉球王朝的离宫。3 个小型中庭点缀其间，让人们再次领略到了院落式小型中庭的魅力。给人感觉中庭成了建筑的主宰。

数个中庭制造了两代人之间的距离感，同时，通过柔和的边界和缓地将两代人联系在一起。

正因为是没有台阶高低差的无障碍地面，所以其平面设计才充满挑战。

首先绘制了平面设计图，两个中庭像三明治一样夹在无台阶高低差的地面与因区隔私密空间和公共空间而发生高度变化的天花板之间。两个中庭切断了生活联系，同时起着空间基准线的作用，制造出了两代人之间的距离感。

但如果仅仅只是这样，还是觉得有些乏味。于是对两个中庭进行特色处理，尝试把小型中庭营造成冲绳海边风景，把稍大中庭的铺满石灰岩的露台一角营造出山原（冲绳北部的通称，有原生林）原生林风景。既有海边的风景，也有山原的风景。即使是无障碍地面（不设置台阶高低差），也可以进行非同寻常的设计组合，完美地制造出两代人居住的适当距离。

不要因为是无障碍地面（无台阶高低差、无温差），就随便对付了事。正因为是无障碍住宅，设计组合不是更重要吗？

这是幕张本乡之家的剖面详图。以一层标高为基准，音乐室下沉两级台阶，其地面标高为 −523 毫米。由于地面下沉，为音乐厅争取了一部分室内净高。二层卧室地面比起居室地面低 200 毫米，使得外立面檐口高度降低，因此缓和了对周围环境的压迫感，形成了良好的外部空间感受。

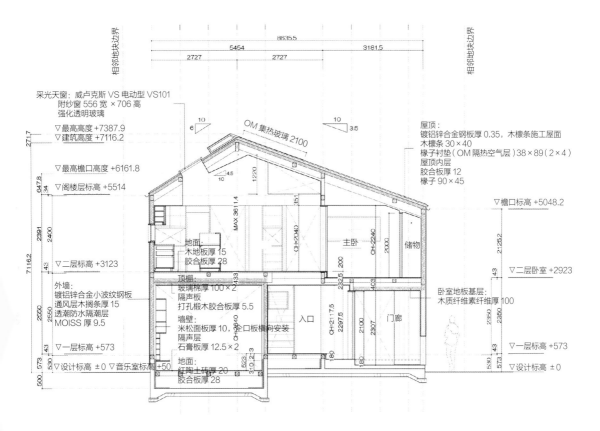

这是识名园的中庭。三个大小各异的中庭，似乎主宰着整座建筑。中庭成为基准线，很容易读懂各房间的距离感和复杂的平面布局。

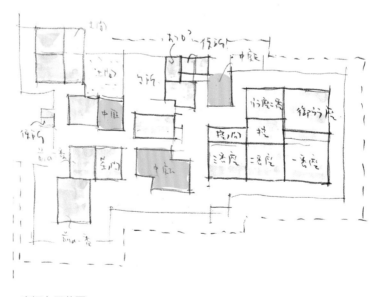

房间布局草图

冲绳与那原町的住宅，客厅与中庭的关系。

上　冲绳与那原町住宅的两个中庭。客厅东面中庭是有着山原特色的露台。西面的小型中庭营造了海岸风景。

下　冲绳与那原町住宅的外观。无障碍地面，结构接近平房。出檐为2米。

冲绳与那原町的住宅平面图。通过两个中庭，东面母亲的区域与西面儿媳的区域和缓地联系在一起，但又有着合适的距离感。

设置挑空的原因，并不仅仅是为了让天花板显得高一些。动态空间虽然让人心情愉悦，但不必要地增加空间的量感会让温度环境难以控制。关键是设置挑空后能得到哪些好处。在设计中使用挑空的首要原因是为了联系上层空间与下层空间。

设置挑空的原因也可以是高侧窗采光或排除热气等，但感觉与挑空空间的本意相违。

如果将挑空的剖面换成平面也许更容易理解吧，仅仅是天花板高的挑空空间给人的感觉像是"走到尽头的居所"。上下完美联系在一起的挑空即使置换成平面也是很优美的动线。我一直关注着上下空间的流畅联系。挑空并非"在天花板上挖的洞"，墙壁是否耸立，如果没有一面以上的墙壁从一层延续到二层，就无法产生向上的矢量。另外，还应注意挑空的天花板是否会影响到其他房间的美观。

还有一个重要事项，那就是挑空的高度应尽量控制得稍低。可能有客户会想，特意设置挑空，还要限制高度吗？实际上，控制得稍低的挑空完全摆脱了"不快"和"肤浅"，多数人体验过这样的空间后都有同感。

A.

答：挑空是用来联系下层空间与上层空间的。

不过，即使是挑空，也尽量将天花板的高度控制得稍低（笑）。

Q.

问：你在设计中经常使用挑空，请问这是基于怎样的考虑呢？

26

这是信州的"白马山庄"。它是为一对退休的夫妇享受滑雪而建的小屋。挑空也得到了控制，并与二楼的备用室相连，火炉的热气可以到达备用室的内部。采用实用性的尺寸营造出了可爱的挑空空间。

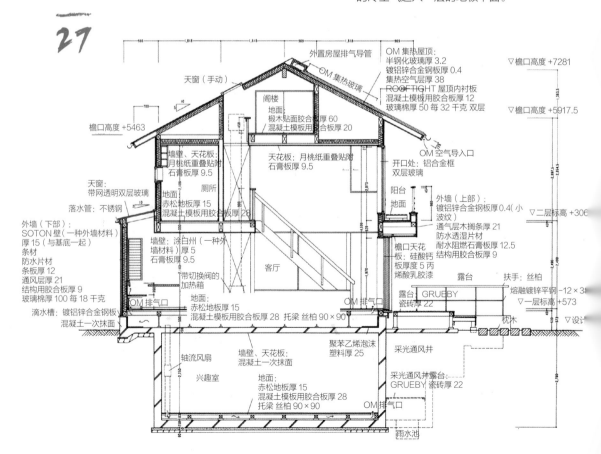

我们在大地上生活，时刻以地面为基准来掌握空间，在地面上方与在地面下方生活，感觉是不同的。设计地下室时是会消除还是会增强幽闭感，是设计师需考虑的重点。

我有恐高症（所以才设计住宅多？），还有更严重的幽闭恐惧症，即使是建造地下室，也考虑尽量与外面建立联系。

这是志木市住宅的剖面详图。它装有 OM 太阳能系统，冬季，将在一层地面蓄热后、温度降低的干燥空气通过其他系统（轴流风扇）送入地下的地板下面；夏季，把风扇反转，将地下的冷空气送入一层的地板下面。

A．

答：地面之下那种幽闭的感觉，是消除了还是增强了，取决于设计方针。到地下的出入口、采光通风方法以及与地面的距离感比较重要。

Q．

问：关于地下室你怎么看？在地下室中营造轻松驻足处的要点是什么？

27

OM 集热屋顶：
半钢化玻璃厚 3.2
镀铝锌合金钢板厚 0.4
集热空气层厚 38
ROOFTIGHT 屋顶内衬板
混凝土模板用胶合板厚 12
玻璃棉厚 50 每 32 千克 双层

▽檐口高度 +7281

▽檐口高度 +5917.5

外置房屋排气导管
OM 集热玻璃

天窗（手动）

阁楼
地面：
椴木贴面胶合板厚 60
混凝土模板厚 20

檐口高度 +5463

墙壁、天花板：
月桃纸重叠贴附
石膏板厚 9.5

天花板：月桃纸重叠贴附
石膏板厚 9.5

OM 空气导入口

开口处：铝合金框
双层玻璃

天窗：
带网透明双层玻璃

落水管：不锈钢

厕所
地面
赤松地板厚 15
混凝土模板用胶合板厚 28

阳台
地面

外墙（上部）：
镀铝铝合金钢板厚 0.4（小波纹）
通气层木搁条厚 21
防水透湿片材
耐水阻燃石膏板厚 12.5
结构用胶合板厚 9

外墙（下部）：
SOTON 壁（一种外墙材料）
厚 15（与基底一起）
条材
防水片材
条材 厚 12
通风层厚 21
结构用胶合板厚 9
玻璃棉厚 100 每 18 千克

墙壁：涂白州（一种外墙材料）厚 5
石膏板厚 9.5

带切换阀的
加热箱

地面
赤松地板厚 15
混凝土模板用胶合板厚 28 托梁 丝柏 90×90

OM 排气口

客厅

檐口天花
硅酸钙
板厚度 5 丙烯酸乳胶漆

露台
露台 GRUEBY
瓷砖厚 22

OM 排气口

扶手：丝柏
熔融镀锌平钢 -12×3

▽二层标高 +306

▽一层标高 +573

枕木

▽设计

滴水槽：镀铝锌合金钢板厚 0.4
混凝土一次抹面

OM 排气口

轴流风扇

墙壁、天花板：
混凝土一次抹面

兴趣室

地面：
赤松地板厚 15
混凝土模板用胶合板厚 28
托梁 丝柏 90×90

聚苯乙烯泡沫
塑料厚 25

采光通风井

采光通风井露台
GRUEBY 瓷砖厚 22

雨水池

这是幕张本乡之家的音乐室。比地面稍低，可以近距离感受到大地。露台的楼面标高进一步强化了音乐室的下沉感。

想要地下室的客户通常也想要音乐室和兴趣室，大多需要隔声。另外，必须遵守法律规定的采光面积的相关要求，所以应尽可能设置采光井，最好能做到消除地下感，发生突发事件时，可以从采光井逃到地面（笑），即使身处地下，也仍然可以感受到外面的风雨。

上 志木市住宅的出入口。它是只需一个动作即可完成开关、横向滑动的有趣出入口。虽然由三扇门组成，但其中一扇门嵌入了聚碳酸酯板，看起来像一层的客厅。

下 志木市的住宅。采光井与一层的庭院连在一起。采光井与儿时熟悉的庭院一起，将光线和风导向地下。

通常开口处的外部为铝合金框的双层玻璃，内部为带双层玻璃的木制边框。这是很普通的做法，但是为了享受地下室这一特别空间，需要对出入口下一番功夫。

志木市住宅的地下室是主人父亲的兴趣室，也可以说是装满主人自儿童时代以来的美好记忆之箱。通过采光井将从父母那里继承来的日式庭院引入地下，将从儿童时代起一直居住的旧宅的玻璃板嵌入墙中，出入口也做成用一个动作即可水平关闭的装置。不影响任何人，沉浸在自己的世界里，这才适合地下。

还有一个案例是幕张本乡地区的住宅，它并非完全沉于地下，只是比地面稍低一些，可以用来居住。一层是用来欣赏爵士乐的房间，因为要放置音响，业主希望空间大一点，但并没有增加层高，而是将地面往下挖掘，确保了天花板的高度。这样，也可以考虑从外部上二层。虽然存在地面与视线高度接近这个小问题，但很舒适。虽然是要求具备隔声性能的音乐室，但可以在观赏外面景色的同时，欣赏爵士乐。只是将地面往下挖掘了少许，就达成了这个目的。

地下虽然一年四季均可以居住，但存在潮湿的问题。因此，一直从一层的地板下部空间输送空气至地下的地板下部空间，吹走潮气。

使用轴流风扇，夏天与冬天空气流动方向相反，活用地下稳定的空气温度。志木市的住宅装有空气集热式太阳能系统，冬天将一层地板下蓄热后的干燥空气送入地下的地板下部空间，夏天则相反，将凉爽的地下空气通过一层的地板下部空间送往一层的各个房间，目的是让地下室为整个住宅做贡献（笑）。

Q.

问：你在设计中使用天窗吗？设计的要点是什么？

28

设计中不太使用天窗的前辈建筑师格外多（限于我周围的圈子）。这是否说明，若在设计时仔细思考的话，天窗并非必需之物呢？我也发现有些案例将天窗作为设计的象征不负责任地加以滥用。我认为，此类设计不限于天窗，还杂乱无章地安装了许多普通窗户，并非出于功能需要，只是为了让房间更明亮，或者是为了营造外观而安装的。我对认为"窗户越多设计越差"的这些前辈的观点十分赞同（笑）。如果只是为了明亮而装天窗，那会令人感到不协调。学习建筑的那些前辈应该已经厌烦了简单的"明亮之家"这一宗旨。那种不协调感与"不要依赖天窗啊"这一稍感极端的建议有关，正在逐渐成为传说（笑）。

左 幕张本乡之家的天窗。它位于挑空处，主要是为了排放厨房和客厅的热气和气味，安装的是稍小的天窗。可以电动开关。

右 万神殿（古罗马著名建筑）。在阐述天窗的魅力之时，最先浮现于脑海的是罗马的万神殿。它并非体现"明亮"，而是体现"光线"的建筑，或者可以说是"光线"体现建筑魅力的建筑。

以前，因为天窗漏雨的风险较高（现在也并非没有这个风险），也许有的专家想说，从维修的观点出发，应避免日后漏雨可能性较大的设计。

我使用天窗的主要目的不是为了采光，而是为了散热。即使在没有风的日子，只要打开天窗，就可以让空气流动起来；在都市之中，无须在意邻居的视线，也可以打开窗户。但是，天窗的魅力与装在墙壁上的窗户的确是完全不同的。在体验过罗马万神殿从天而降的光线之后，谁都会为天窗的魅力所震撼吧。不是因为明亮，而是因为光线的魅力。

不过，需要注意的是，如果过度追求光线的魅力，就会脱离住宅这一生活空间设计的原意，反而表现出设计的肤浅和傲慢。

我在暗中祈祷，何时才能成为大受欢迎的"天窗高手"呢（笑）。

答：应该善用天窗，不是为了明亮，而是为了在保护隐私的同时，排放热气、促进通风。需要注意的是，如果只是简单地使用天窗，会令空间变得浅薄。

变化丰富的开口处

Q.

问：我觉得在伊礼先生的设计中，开口处是亮点之一。设计开口处时，最重要的是什么呢？

A.

答：我认为『开口处旁边是魅力之源』。开口处自身的设计也很重要，但是，如果不设计出有魅力的外部空间，开口处则会缺乏生机。

29

这是幕张本乡之家的窗边沙发。西边的阳光透过百叶门洒在沙发上。

关于开口处有一句令人无法忘怀的话，是哲学家、东京大学研究生院综合文化研究科野矢茂树教授说的。在一次有各领域专家参加的"丰富新基准"座谈会上，他问我："设计时，在多大程度上导入了外部环境呢？"我深受触动，哲学家果真不同啊，一句话就问到了开口处。

丰富的东西均来自外部。若封闭外部设计是无法变得丰富的。坏的东西也从外部而来。思考导入什么、拒绝什么，通过判断、糅合，人就会成长。这就是野矢茂树教授所说的内容。

在住宅设计中，对于外部的光与风、热与声、交流与味道等，导入了哪些，又导入了多少呢？对此进行控制很重要，而其中的关键就是开口处。开口处是与外部联系的通道，是外部与内部的"边界"。

曾经有一次接受采访时，被问道，"你喜欢的地方是哪里呢"，在感到痛苦之余我答道，"窗边"（笑）。不过，我说的窗户可不是腰窗那种小型窗户，在我的印象里其是落地窗那种大型开口处，现在回忆起来，那时我的回答还是很诚实的。我认为"边界"的设计可能与今后生活是否"愉悦"息息相关。

有一个消极的词语叫"窗边族"，但是在景色优美、外部环境有魅力的餐厅，窗边是一等座。可以肯定地说，"开口处旁边有愉悦之处"（笑）。

我想趁机加上一句，"开口处的设计要点是设计有魅力的外部"。因为开口处是掌管外部与内部关系的通道。若没有考虑到外部，则无法形成好的开口处。

榻榻米空间的可能性

i-village

这栋有榻榻米客厅的住宅是总建筑面积约为 81 平方米的小型住宅，设计之初就想让这个 4 口之家住得宽松。

在客厅铺上了榻榻米，目的是让业主全家在小面积住宅中也能轻松地生活。这样应该可以营造出具有多重意义、崭新的榻榻米空间吧？

为了能够在榻榻米上悠闲自得，且不至于杂乱无章，整齐地摆放家具，到处都有驻足处。我一边模糊地想着这些，一边开始了设计。

与进深较大的阳台相连的二层客厅，在铺榻榻米的窗边现场制作了沙发。此外，客厅中还设置有矮书桌、电视柜、炕桌。

可以躺在沙发上看电视，也可以在明亮的开口处附近看书。榻榻米既是地板材料，又是家具。沙发也具有多重意义，可躺可坐。拥有多重意义的驻足处充满魅力。

左上　左侧为电视柜。可以躺在沙发上看电视，也可以在窗边看书、午睡。

右上　门窗全开后，即与大进深阳台相连。

下　榻榻米房间中设有沙发，也许有点不协调，但是，榻榻米既是地板又是家具，沙发可躺又可坐，都是具有多重意义的存在。这些都可以为居住者带来放松感。

抬高了300毫米的开口处

东京街头的住宅

该住宅的开口处没有做成落地窗，而是抬高了300毫米。考虑到庭院的进深只有约3000毫米，且前方是私人道路，若做成落地窗，则庭院无法营造出进深，私人道路近在咫尺，无法形成全开的开口处。

客户希望在宽3600毫米的开口处制造出面向外部的氛围，达到悠然自得的状态。完工后发现，抬高了300毫米的开口处起到了长椅般的作用，成为外部与内部边界令人神清气爽的驻足处。

因为是面朝内而坐，不仅能感受外部，还营造出内部环境，形成驻足处，制造出与私人道路之间的距离感。

这样，可以恣意享受的全开式开口处诞生了。

初次没有做成落地窗，而是抬高了300毫米。"在竣工之前客户似乎一直在担心，因为没有看到落地窗以外的效果。竣工后，客户非常高兴。甚至取名为'抬高300'（笑）。这是一项令人感到窗边神奇之处的工作。"

露台扶手的高度约600毫米，刚好可以用来倚靠。由黑竹和枫树构成的绿色屏障保障了私密性。

享受窗边的光

浜松市大蒲町之家

　　我喜欢窗边，我还发现浜松市大蒲町之家的业主也是相当喜欢窗边的（笑）。这个现场制作的较低的沙发就是出自他的要求。悠闲地躺在沙发上，感受后面开口处的绿色和阳光。此外，住宅还通过全开的主开口处与街道联系在一起。

05
案 例

停车空间的设置，隔开了街道与庭院，庭院感觉像中庭。设置带网的百叶门和纸拉门，让变幻的光线射入室内。窗边——开口处的对面与住宅之间的空间，"丰富的内容"由外部导入，形成了富于变化的、令人开心的驻足处。

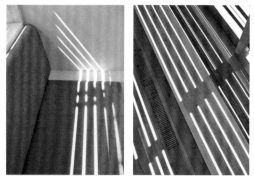

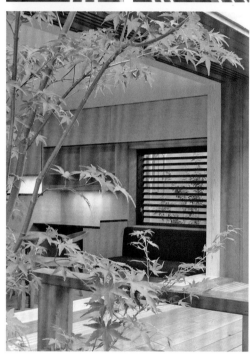

上 窗边的光线。光线从外部而来，调动内部素材和空间的魅力，窗边的景物因季节和时间而变化。

下 固定安装的沙发高约 300 毫米。比正常高度低很多。"但是这沙发的高度正是应业主的要求设置的，他对此感到很满意。"

增强了二层客厅全开放式门窗的开放感。

可全开木制门窗的标准做法

i—works 2008

这是两间宽（约 3600 毫米）的全开式开口处。有了这个尺寸，就可以使用两扇门，充分感受开放感，只有在需要大型开口时才使用该尺寸。

开口处的标准结构从外至内分别为防雨板、纱门（或带网百叶门，将防雨板与纱门整合为一体）、玻璃门、纸拉门。最大高度为 2200 毫米（配合标准天花板高度）。开口处有时设计成落地式，有时抬高 300 毫米，在室内营造驻足处，并与外部形成联系。

虽然我清楚木制门窗的各种优点，但还是担心它的气密性，因此，要想办法解决渗风问题。首先在门窗与纵框的连接处放入双凹槽，然后处理好门窗与门窗间的碰头。安装胶条或马海毛密封材料，控制渗风量。但是，装配时，门窗的高度应在 2200 毫米以下。门窗高度越高，则翘曲的风险越大，可能导致门窗无法放入双凹槽，此处请注意。

滑轨用的是无噪声滑轨，动作顺滑。也许双层玻璃也能使用。当然，后果自负（笑）。

两间宽的门全部纳入门箱中，连接
外部与内部。

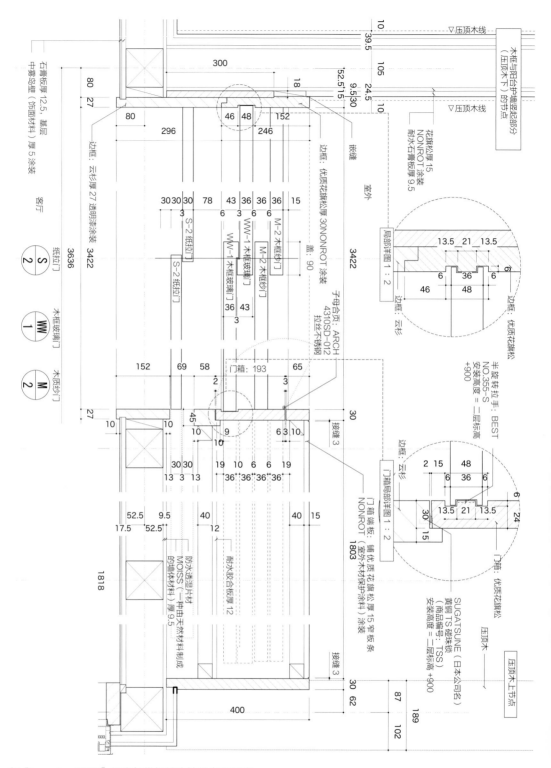

在"i-works 2008"门窗与纵框的连接处以及门窗
的碰头中采取了防渗风措施。为防止翘曲，规定门
窗的高度为 2200 毫米以下。

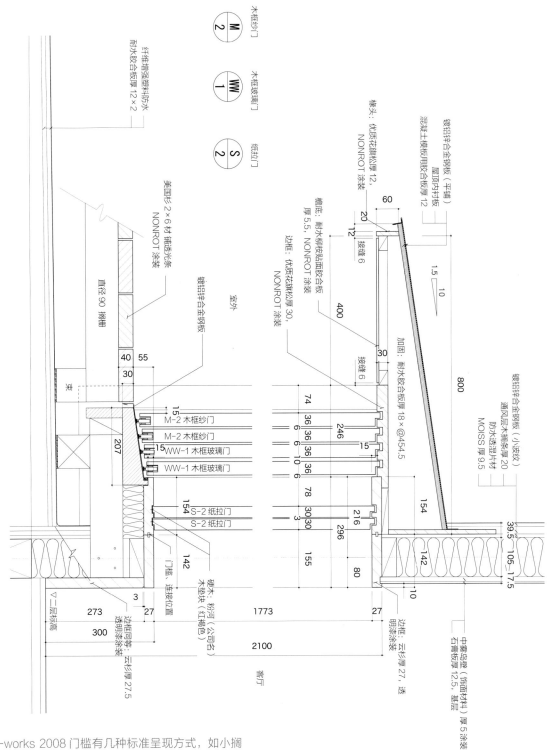

木框纱门
M-2

木框玻璃门
WW-1

纸拉门
S-2

纤维增强塑料防水
耐水胶合板厚 12×2

楼头：
优质花旗松厚 12，
NONROT 涂装

镀铝锌合金钢板
屋顶内衬板
混凝土模板用胶合板厚 12

美国杉 2×6 材 铺透光条
NONROT 涂装

镀铝锌合金钢板

室外

直径 90 搁栅

楼底：耐水柳桉贴面胶合板
厚 5.5，NONROT 涂装

边框：优质花旗松厚 30，
NONROT 涂装

加面：耐水胶合板厚 18×@454.5

镀铝锌合金钢板（小波纹）
通风层木搁条厚 20
防水透过片材
MOISS 厚 9.5

60
20
112
接缝 6
1.5
10

400

30
接缝 6

74
36
36
36
36

246

15

800

154
216
296

155

80

39.5
105～17.5

142

10

中密岛壁（饰面材料）
石膏板厚 12.5，基层
云杉厚 5，透
明漆涂装

边框 云杉厚 27，透

15 M-2 木框纱门
M-2 木框纱门
15 WW-1 木框玻璃门
WW-1 木框玻璃门

154 S-2 纸拉门
S-2 纸拉门

78
30 30
3

硬木：粉河（公司名）
木垫块（红褐色）

边框，连接位置

142

门槛，连接位置

207
40 55
30

束

3
27
273
27
300

1773
2100
客厅

1577
∇二层标高

边框回卷：透明漆涂装，云杉厚 27.5

边框回卷
透明漆涂装

i-works 2008 门槛有几种标准呈现方式，如小搁栅、钢束、28 毫米的 L 形胶合板等。可根据外观和工务店的方便程度等灵活地选择。

剪切风景

TSUMUGU IE

从面积为两叠半（1叠约等于1.62平方米）的小型和室看到的田园风光。在同为一室的客厅之中，该和室是一个特别的存在。

东面是像电影画面一样的田园风光。景观营造师荻野寿也先生没有在这美丽的风景前种植草木。他说，"不种树也是景观营造师的工作"（笑）。

TSUMUGU IE 位于闲静之地，东面是美丽的田园风光，西面是辽阔的日本阿尔卑斯山脉。隆冬，温度可低至 -10℃ 以下，要求"高气密性和高隔热性"；在气温回升的夏季，需要将门窗等收于墙中，让住宅与周围的景色融为一体。因此，需要设计可以兼顾这两个季节的开口处。

"可关可开"，于是我开始设计这样的住宅。

TSUMUGU IE 的南面是邻居家的住宅。如果在南面设置开口，理论上冬天会比较暖和，但是，与邻居家的关系处理也很重要。

因此，只在南面设置最小程度的开口，而在景色优美的东西两面设置大的开口。

对"隔热、气密"要求高的住宅而言，东西两面的开口处会影响夏天居室的舒适度，必须注意。为此，利用百叶窗和落叶乔木来应对夏天的日照。

节能也很重要，但是，若有美丽的景色，则应毫不犹豫地加以利用，通过开口处的结构和草木进行控制是设计的原点，"开口处以景色为首位"，这正是我的设计特点。

半户外空间的欢乐

下田市的家庭旅馆

08
案 例

下田市的家庭旅馆总建筑面积约 99 平方米，是为四口之家设计的样板房。建于西北面有马路的角落处，东南面有邻居的住所和公寓。如果按照一般的设计，将开口放在东南面，则连隐私都无法得到保障。二层为客厅，在建设用地西北面的二层修建了阳台。因为我认为这里是这块建设用地中最美、最独特的场所。

该阳台位于客厅的延长线上，带有屋顶，在楼面与屋顶之间设置开口，种植小叶白蜡树，虽然客厅是在二层，但给人的感觉像在一层。这样可以营造出将外部与内部和缓相连的半室外氛围，正如冲绳的"出檐"一样。坐在沙发上，沐浴着从摇曳的树木中透过来的阳光，还可以眺望远处的山脊。

从厨房看到的开口处。开口处旁边令人倍感惬意。

将现有金属门窗框
改成木制

大阪丰中市之家

09
案例

108

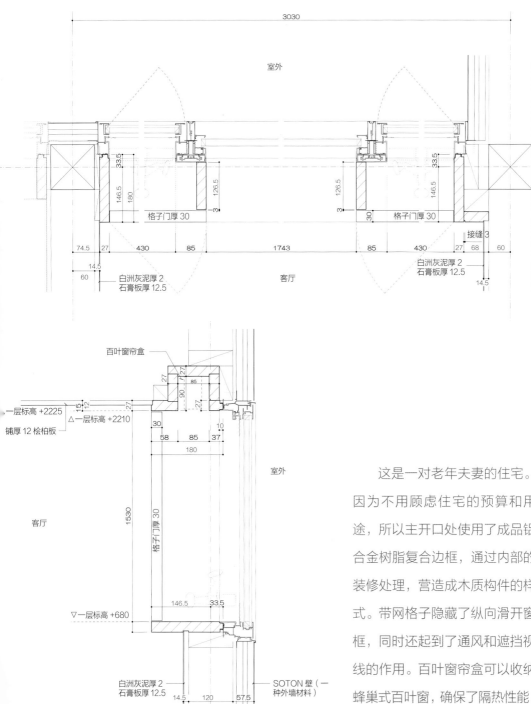

3030

室外

33.5

146.5 180

格子门厚 30

126.5

3

126.5

3

33.5

146.5

30 格子门厚 30

接缝 3

74.5 27 430 85 1743 85 430 27 68 60

14.5

60

白洲灰泥厚 2
石膏板厚 12.5

客厅

白洲灰泥厚 2
石膏板厚 12.5

14.5

百叶窗帘盒

27 27

90 85

27

一层标高 +2225

15 12 27

△一层标高 +2210

铺厚 12 桧柏板

30

10

58 85 37

180

客厅

1530

格子门厚 30

室外

▽一层标高 +680

146.5 33.5

白洲灰泥厚 2
石膏板厚 12.5

SOTON 壁（一
种外墙材料）

14.5 120 57.5

将纵向滑开窗和固定的连体窗通过装修手法做成木制
建筑构件样式。建筑师永田昌民先生喜欢使用带网的
格子，故其被称为"永田格子"。

这是一对老年夫妻的住宅。
因为不用顾虑住宅的预算和用
途，所以主开口处使用了成品铝
合金树脂复合边框，通过内部的
装修处理，营造成木质构件的样
式。带网格子隐藏了纵向滑开窗
框，同时还起到了通风和遮挡视
线的作用。百叶窗帘盒可以收纳
蜂巢式百叶窗，确保了隔热性能，
只需花费合理的成本即得到了与
众不同的开口处。

可以上下移动的窗户

9坪之家length

案例 10

窗帘主要在夏天使用。纸拉窗是冬天用的。

门窗无法横向打开，因此想在本案例中尝试比较特殊的方法。左思右想之后终于抓到了唯——根救命稻草，时间证明，这一"特殊的方法"有望成为令人愉悦的"固定招数"。

这就是"9坪之家 length"（约30平方米）北面双槽大推拉窗框内侧所装的木质构件。

对准防火区域开口处的限制越来越严格，除了安装住宅用的铝合金窗框外别无他法，真遗憾啊。

但是，开口处是与外部连接的回路。它可以控制来自外部的一切，也可以将内部的生活展现给外面。

若窗框本身不能自由移动，可在其内侧加入两种构件，使其根据季节的变化进行区别使用，这样，可以给住宅带来变化，也可以让生活充满韵味。

世田谷区之家位于准防火区域，尝试全开式窗户时，使用了 LIXIL 的 OPENWIN 窗框。铝合金窗框可以收纳进木质窗套中，故外观看起来像木质构件。

此处没有使用纱窗，而是使用了将和纸（日本传统制法制造而成）编成的百叶窗材料贴在纸拉窗上而成的窗帘。它同时起到了纱窗和百叶窗的作用。尤其在夏天，非常好用。

另外一种构件是和纸推拉窗。无论是哪个季节，晚上它都可以柔和地保护隐私，在冬季还可以留住室内的热量。和纸推拉窗是光线的半透膜，可以说是日本建筑的 DNA，是我们设计中不可或缺的品种。

实际上，这两种构件是挑空中作为推拉门预定的。直通挑空天花板的构件顺畅地滑动，应该很令人开心吧，想到这儿就不由得兴奋起来。

然而，在准备安装拉门之处有一道梁，导致无法安装，于是项目负责人来找我商量。这太难堪了，连这种基本的问题都没有注意到，是多么令人羞耻的事情啊。虽然问题有些棘手，但我相信一定有解决之道！最终决定上下移动。

但仅这样处理的话，在便利性方面远不及普通的推拉门。为获得比便利性更重要的魅力和乐趣，想到可以将窗帘（半透明、可通风）与和纸推拉窗（透光、遮挡视线）进行组合使用。

从为孩子们准备的书桌背面打开门箱后，里面的构件一一呈现，可以中途暂停，应对多样的状况。

这绝非是值得表彰的完工情况，但是在开放空间中看到这个开口处的人们都很喜欢 [这本来只是一次失败的替代方案（笑）]。

这个处理措施让我感受到了"操作的快乐"。正是这个契机，让我明白了操作构件的快感尤为重要。这次虽然造成了不便，但事后的快乐却令人回味。

不过，不可得意忘形！失误就是失误！我还让项目负责人反省：下次要注意哦。但是，某专业杂志的编辑说，"因为是纵向的空间，门窗也纵向移动是件令人开心的事情"，这句话令人感动（笑）。

该住宅占地面积约 30 平方米，有地下层，其上为两层建筑，带阁楼，是纵向的空间。因此，还是有些得意，这栋住宅的窗户是纵向移动的。

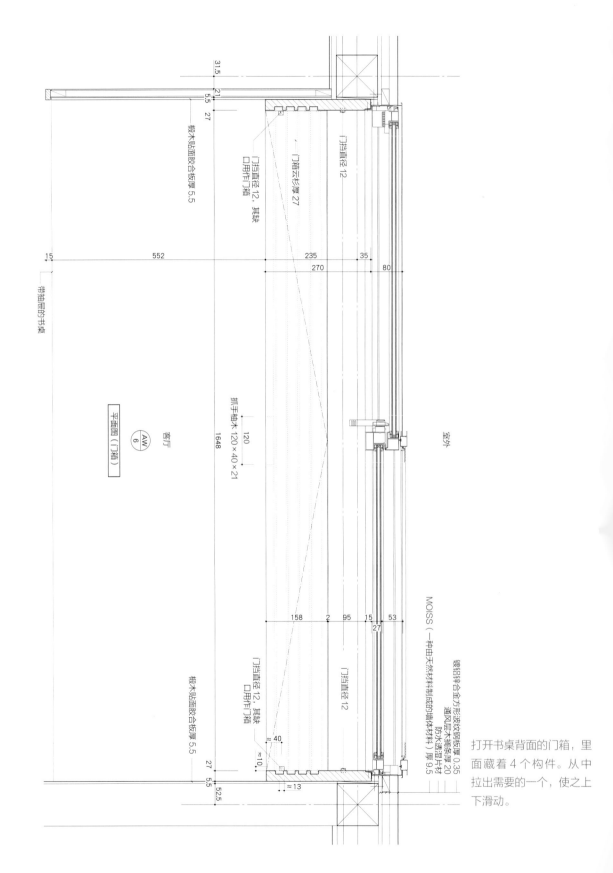

镀铝锌合金方形波纹钢板厚 0.35
通风层木桶条厚 20
防水透湿片材
MOISS（一种由天然材料制成的墙体材料）厚 9.5

打开书桌背面的门箱，里面藏着 4 个构件。从中拉出需要的一个，使之上下滑动。

根木贴面胶合板厚 5.5

带抽屉的书桌

门挡直径 12，其缺口用作门箱

门箱云杉厚 27

门挡直径 12

室外

平面图（门箱）

AW
6

客厅

抓手柚木 120×40×21

门挡直径 12，其缺口用作门箱

门挡直径 12

根木贴面胶合板厚 5.5

31.5
21
5.5
27
15
552
235
35
270
80
120
1648
158
2
95
15
53
27
40
≈10
27
5.5
52.5
≈13

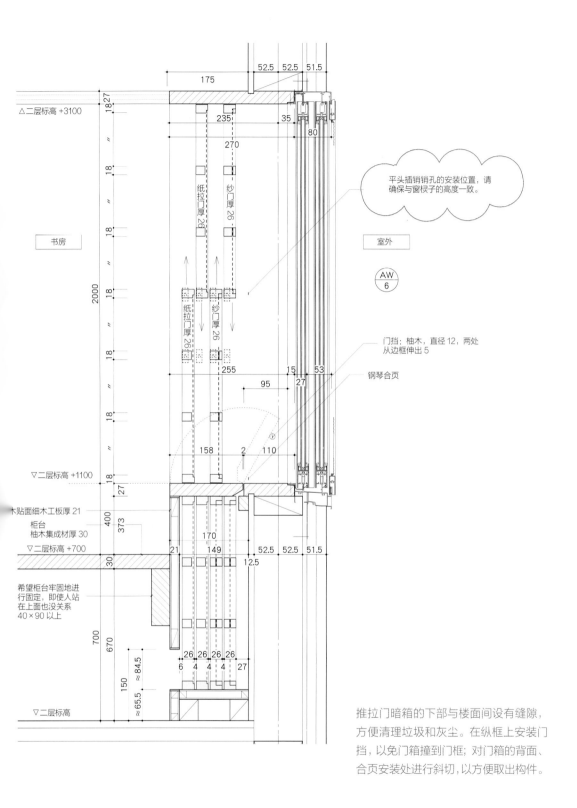

△二层标高 +3100

书房

纸拉门厚 26

纱门厚 26

纸拉门厚 26

纱门厚 26

▽二层标高 +1100

木贴面细木工板厚 21

柜台
柚木集成材厚 30

▽二层标高 +700

希望柜台牢固地进
行固定，即使人站
在上面也没关系
40×90 以上

▽二层标高

室外

AW
6

平头插销销孔的安装位置，请
确保与窗棂子的高度一致。

门挡：柚木，直径 12，两处
从边框伸出 5

钢琴合页

推拉门暗箱的下部与楼面间设有缝隙，
方便清理垃圾和灰尘。在纵框上安装门
挡，以免门箱撞到门框；对门箱的背面、
合页安装处进行斜切，以方便取出构件。

175 52.5 52.5 51.5
1827
235 35
80
270
18
18
18
2000
18
18
255
15 53
95 27
18
158 2 110
18
27
400
373
170
21 149 52.5 52.5 51.5
30 12.5
700 670
150
≈84.5
26 26 26 26
6 4 4 4 27
≈65.5

113

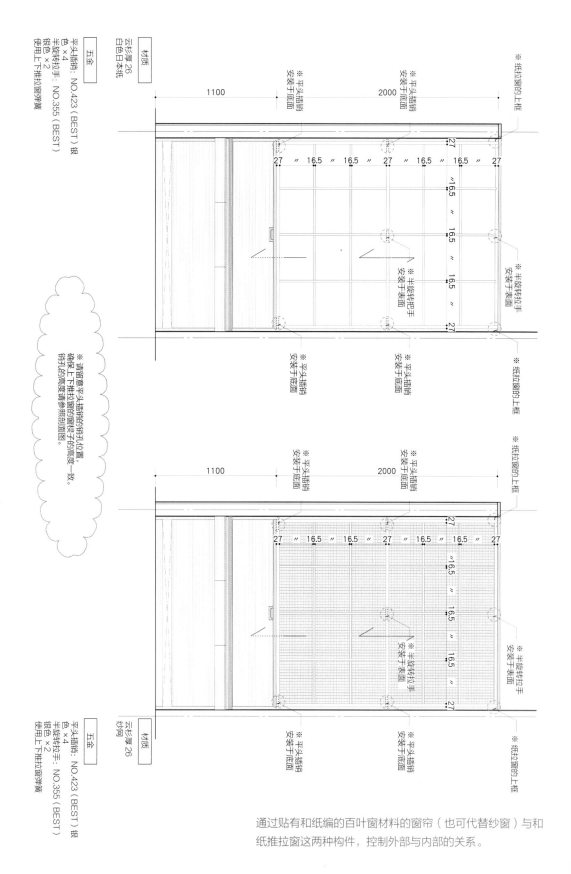

材质
云杉厚26
白色日本纸

五金
平头插销：NO.423（BEST）银
色 ×4
半旋转拉手：NO.355（BEST）
银色 ×2
使用上下推拉窗弹簧

※ 纸拉窗的上框
※ 平头插销
安装于底面
1100
2000
27
27 16.5 ″ 16.5 ″ 27 16.5 ″ 16.5 ″ 27
″16.5 ″
16.5 ″
16.5 ″
27
※ 半旋转拉手
安装于表面
※ 平头插销
安装于底面
※ 半旋转把手
安装于表面
※ 平头插销
安装于底面
※ 纸拉窗的上框

※ 请留意平头插销的销孔位置，
确保上下推拉窗的窗框子的高度一致。
销孔的高度请参照侧面图。

材质
云杉厚26
白色日本纸

五金
平头插销：NO.423（BEST）银
色 ×4
半旋转拉手：NO.355（BEST）
银色 ×2
使用上下推拉窗弹簧

※ 纸拉窗的上框
※ 平头插销
安装于底面
1100
2000
27
27 16.5 ″ 16.5 ″ 27 16.5 ″ 16.5 ″ 27
″16.5 ″
16.5 ″
16.5 ″
27
※ 半旋转拉手
安装于表面
※ 平头插销
安装于底面
※ 纸拉窗的上框

材质
云杉厚26
纱网

五金
平头插销：NO.423（BEST）银
色 ×4
半旋转拉手：NO.355（BEST）
银色 ×2
使用上下推拉窗弹簧

通过贴有和纸编的百叶窗材料的窗帘（也可代替纱窗）与和纸推拉窗这两种构件，控制外部与内部的关系。

上 设计成地窗，使视线变低，会议室空间的重心也变低，营造出稳重的氛围。

下 纸拉窗的左侧为玻璃窗，右侧为纱窗（SARAN 网、黑色），一件下框起到两种作用。

11
案 例

玻璃门与纱门

合二为一

守谷町之家

　　这是守谷町之家的会议室。客户是工务店的社长，这里也是住宅中的工作场所。西面的开口处设计成了地窗，可以欣赏到庭院的景物。如果此处的开口设计成普通成年人的高度，则可以看到邻居家的情形，双方都尴尬。

　　特别考虑到这里是工作用的会议室，从地窗只可欣赏到庭院应该也可以吧。地窗只用玻璃进行间隔，可能的话，感觉可以使用隐框（看不见窗框，只通过玻璃眺望庭院），与住宅相连，还可以通风换气。此处不适合使用数扇窗户。需采用看不到窗户，还能进行某种程度通风换气的方案。

　　建筑家中村好文先生的名作"上总的住宅"中有一处不可思议的开口处。滑动其中一件构件，原来的玻璃门就会变成纱门，继续滑动，则又会变成防雨门。在埋头思索守谷町之家方案时，我立即想到了这个独特的构件。

　　就是它了！我们需要的是好的老师和前辈！（笑）。

　　玻璃门与纱门通过一件构件相连，纱门只需很小的开口宽度即可。纵框通过隐框来收纳，在上框上装小型把手（人的视线看不见），确保良好的操作性。该设计的缺点是气密性不好。虽然在构件的两侧安装了月牙锁，以增强气密性，但只是采取这种措施感觉还不够。尽管我和业主都不介意（笑）。目前，正在考虑今后应该怎样改进。

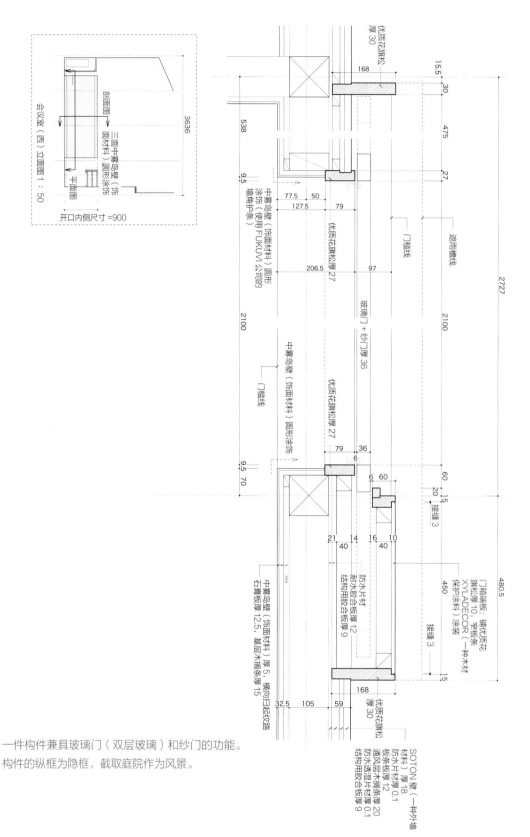

优质花旗松 厚30

门箱端板, 铺优质花旗松 厚10, 窄板条 XYLADECOR（一种木材 保护涂料）涂装

剖面图

三面中雾岛壁（饰面材料）圆形涂饰

会议室（西）立面图 1：50

平面图

开口内侧尺寸 =900

遮雨檐线

中雾岛壁（饰面材料）圆形涂饰（使用 FUKUVI 公司的）墙角护条

优质花旗松 厚27

门槛线

玻璃门＋纱门 厚36

中雾岛壁（饰面材料）圆形涂饰

优质花旗松 厚27

门槛线

中雾岛壁（饰面材料）厚5，横向扫过纹路 石膏板厚12.5，基层木搁栅厚15

防水片材料 丽青胶合板厚12 结构用胶合板厚9

优质花旗松 厚30

SOTON壁（一种外墙材料）厚18 防水片材料厚0.1 板条优质木搁栅厚12 防水透湿片材料厚20 结构用胶合板厚9

一件构件兼具玻璃门（双层玻璃）和纱门的功能。
构件的纵框为隐框，截取庭院作为风景。

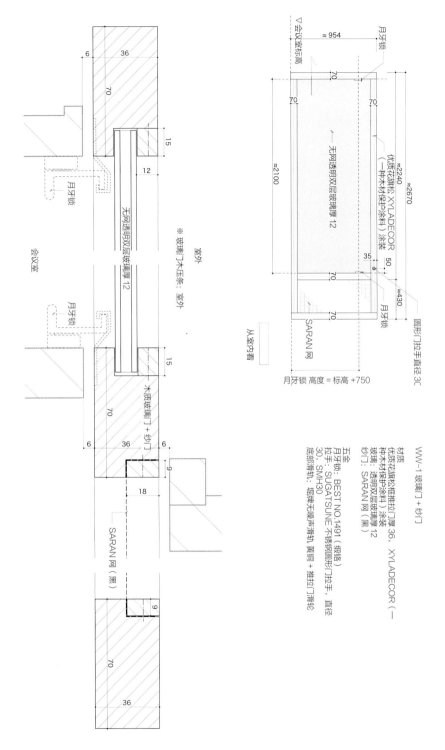

※ 尺寸为现场测量。

▽会议室标高

≈954

月牙锁

70

≈2240

≈2670

无网透明双层玻璃厚12

优质花旗松 XYLADECOR（一种木材保护涂料）涂装

≈2100

≈430

月牙锁

35　50

70　70

圆形门拉手直径3C

SARAN 网

月牙锁 高度 = 标高 +750

WW-1 玻璃门＋纱门

材质
优质花旗松框推拉门厚36，XYLADECOR（一种木材保护涂料）涂装
玻璃：透明双层玻璃厚12
纱门：SARAN 网（黑）

五金
月牙锁：BEST NO.1491（锻铬）
拉手：SUGATSUNE 不锈钢圆形门拉手，直径30，SMH30
底部滑轨：堀挏牌无噪声滑轨，黄铜＋推拉门滑轮

6　36　70

15　12

月牙锁

无网透明双层玻璃厚12

※ 玻璃门大正系：室外

室外

会议室

从室内看

月牙锁

15

无网透明双层玻璃厚12

70　6　36　6

木质玻璃门＋纱门

9　18

SARAN 网（黑）

70　36　9

抓手（不锈钢圆门拉手、直径30毫米）装在上框，使之不会进入视线。

问：对住宅的高气密性和高隔热性，你是怎样考虑的呢？

答：过分重视性能，优先考虑热效率而不是人们的生活，这不是我的本意。当前的设计课题是『性能与设计兼顾』『性能高且舒适』。

30

最近几年，我一直在挑战性能与设计的兼顾。设计委托多为都市中心区的狭小建设用地，我已经认识到隔热的重要性，若想在不进行附加隔热（外隔热）的前提下提高隔热性能，那就只能强化开口处。我的设计特征就是执着于开口处。开口处也是隔热和气密性的最薄弱环节。使用木制门窗，坚持全开放式设计，同时提高性能。最近，只要预算许可，

就使用木制门窗框的提升推拉五金件。开口处的设计，并非通过一扇门窗来控制外部与内部，而是利用各种结构确保性能，居住者根据自己的感受利用各种构件，控制外部环境。

"TSUMUJI i-works 2015"即是挑战之一。主要开口处由各种构件构成。此外，窗户由三层玻璃树脂窗等构成，强化了开口处的性能。

墙面的隔热层由高性能玻璃棉 24 千克外加防湿片材组成，屋顶为酚醛树脂板 90 毫米（略小）。开口处关闭时，性能完美体现；打开时，外部与内部和缓地相连，性能符合设计指标。这样，即达到了"性能与设计兼顾"的目的。我认为，住宅的高性能且舒适度取决于开口处周围，我还要花一些时间继续挑战下去。

小型环保住宅

TSUMUJI i-works 2015

12
案 例

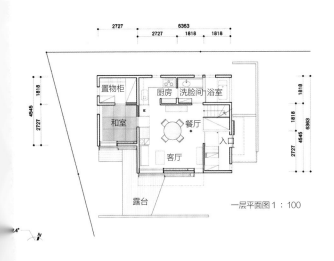

一层平面图 1 : 100

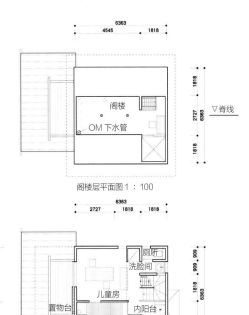

阁楼层平面图 1 : 100

二层平面图 1 : 100

"TSUMUJI i-works 2015"是边长为6363毫米的正方形标准化住宅（带和室）。它是两层建筑，总建筑面积约为81平方米，备有3间卧室。面积虽然不大，但在玄关旁设置有外部置物柜，二层有可以进行室内晾衣的洗衣房，适合夫妻两人都是上班族的家庭。

开口处构件的最外侧为木制百叶窗。它可以通风、挡住白
天来自室外的视线，还可以有效地遮挡阳光。中间为木制
提升推拉纱窗和玻璃窗，可以全开，天气好的时候，外部
与内部融为一体。内侧为带蕾丝的纸拉窗，与蕾丝窗帘效
果相同，可以控制白天来自外部的视线。

纸拉窗的内侧为蜂巢式百叶窗。双层百叶窗隔热性能
强，同和纸一样柔软，且透光。最内侧为隔热隔扇。
带有聚苯乙烯泡沫塑料的平面门遮光的同时，还增强
了隔热性能。当然，在实际建造过程中无须所有这些
构件，但可以作为建造住宅时的参考，所以才把这些
集中到了一起。请在实践中亲自触摸、转动、判断。

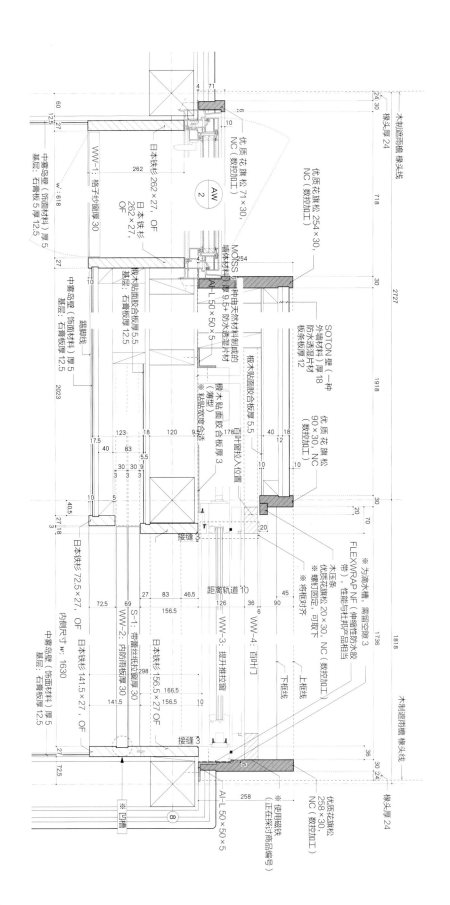

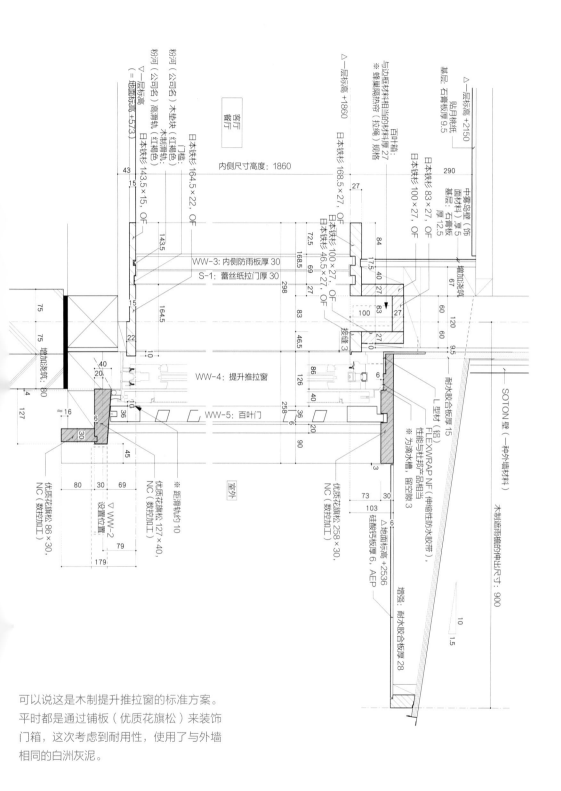

△一层标高 +2150

贴月桃纸
基层：石膏板厚9.5

与边框材料相当的材料厚27
※雀巢隔热棉（拉绳）规格

百叶箱

△一层标高 +1860

客厅
餐厅

内侧尺寸高度: 1860

粉河（公司名）木垫块（红褐色）
门槛
粉河（公司名）高滑轨
木制滑轨（红褐色）
日本铁杉 143.5×15，OF

日本铁杉 164.5×22，OF
日本铁杉 168.5×27，OF

日本铁杉 100×27，OF
日本铁杉 46.5×27，OF

中雾岛壁（饰面材料）厚5
基层：石膏板厚12.5

日本铁杉 83×27，OF
日本铁杉 100×27，OF

墙加浇筑

290

27

43
15

143.5

168.5
69

72.5
27

84
17.5
40
27

67

△一层标高 +573
（=地面标高 +573）

164.5

164.5

15

22

10

WW-3：内侧防雨板厚30
S-1：蕾丝纸拉门厚30

298

83
46.5

100
83
27

27
27

120
60
60

60

接缝3

9.5

WW-4：提升推拉窗

40
20

ㅇ16
6

36

30

40

WW-5：百叶门

126

86
40

258

36
6
20

90

6

耐水胶合板厚15
L型材（铝）
FLEXWRAP NF（伸缩性防水胶带）
※性能与杜邦产品相当
※为沥水槽
密空做3

室外

优质花旗松 86×30，
NC（数控加工）

优质花旗松 127×40，
NC（数控加工）
※距滑轨约10
▽设置位置

45

80
30
69

179

79

※距滑轨约10
▽设置位置

优质花旗松 258×30，
NC（数控加工）

73
30
103

△地面标高 +2536

硅酸钙板厚6，AEP

墙强：耐水胶合板厚28

SOTON壁（一种外墙材料）

木制遮雨檐的伸出尺寸：900

10
1.5

可以说这是木制提升推拉窗的标准方案。
平时都是通过铺板（优质花旗松）来装饰
门箱，这次考虑到耐用性，使用了与外墙
相同的白洲灰泥。

短评

早晨，这座酒店很有魅力。朝霞将整座酒店染成了金黄色。内部由巴瓦的弟子强纳·达斯瓦特改装。

建筑物信息

坎达拉玛遗产酒店(Heritance Kandalama)

所在地：斯里兰卡丹布勒

设计：杰弗里·巴瓦

竣工：1994 年

（斯里兰卡）坎达拉玛遗产酒店

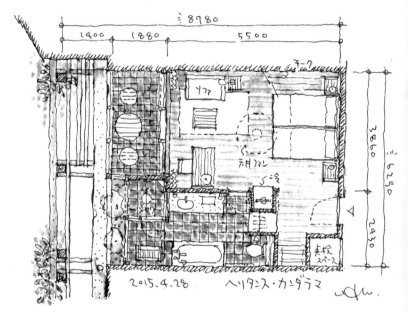

酒店实测图

酒店人员帮我预留的房间是 315 室。一开门就看到床摆在左边，与通常的配置稍有不同。通常床的摆放与门垂直，站在床前转 90° 就可以出门而去。可能因为这是双人间，为了确保从两张床可以看到相同的风景，所以才这样摆放的吧。

卫生间令人感到惬意，无论是浴缸、淋浴间，还是厕所，都可以欣赏到美景。一切均对着景色配置，窗外是热带雨林，猿猴顺着阳台攀缘而来。

Irei Satoshi's
House Design
RULE

Q/A

31-33

_____

CASE

13-14

楼梯、垂直动线

问：听说伊礼先生主要使用旋转楼梯和直楼梯这两种标准的楼梯。这两种楼梯可以应对所有的设计吗？

31

这是江户川 SOLAR CAT 的 3.3 平方米标准旋转楼梯。分隔板为厚度 30 毫米的胶合板，确保楼梯的有效宽度。

对于标准楼梯，我在之前的作品中已经在某种程度上阐述过，在此，想对前面进行一下总结。2001年我参与独立式住宅小区"SOLARTOWN久米川"的工作，同时，还通过某种共同的渠道进行19个土地区划的设计，为了有效地整合街道、控制成本，并确保工作进度，我尝试了"设计的标准化"。我的做法是：将玄关、浴室、洗脸间、楼梯分别进行标准化，并将其组合，按照土地区划分割和居住者的要求进行设计。我也想将整个房间进行部件化（标准化），并灵活地加以运用，保留设计的自由度。那时，我思考过需要多少种楼梯才能应对各种方案，我想到用旋转楼梯和直楼梯应该就可以了。即使是现在，我也认为，这两种楼梯可以应对几乎所有的方案。

说起标准楼梯，也许有人会认为那是固执地坚持既定的方案，但事实上，居住者的生活方式都存在着微妙的差异。在实际工作中，也存在以标准化的部分为基础，在楼梯下或设置厕所或确保收纳空间，或者将玄关与厨房后门合二为一。这样，两种标准楼梯也有了越来越丰富的变化。有时也会遇到这两种楼梯实在无法处理的案例。尤其是从挑空部分去往上一层时，这两种楼梯就无能为力了。这种情形与标准化相去甚远，需要用新方案应对，不过，此时所用的楼梯其实也可以说是直楼梯的一种改进。

并非通过标准楼梯完成设计，而是在所给出的各种条件中，以标准化为基础来解决问题。我相信牢记标准可以积累经验、进行磨砺，绝不会让创造性退化。标准化体现了设计者的价值观，而价值观又会成为设计者的风格。我认为明确风格（价值观）是一件重要的事情。

答：我认为，原则上这两种楼梯可以应对几乎所有的设计。以此为基础，根据居住者的生活方式应变，变化也很丰富。为了积累经验、进行多方磨砺、扎实地工作，将标准化放在心中是必不可少的。

标准化旋转楼梯的变形

——3.3平方米的多功能楼梯

13 案例

这是守谷町之家的楼梯。标准化的旋转楼梯是基础。该旋转楼梯的特征是：面积为 3.3 平方米，分隔板被厚度为 30 毫米的椴木贴面细木工板隔开，只有在未竖立小柱之处才能设置楼梯。

层高在 2700 毫米以下时，可以使用这种楼梯。守谷町之家的楼梯位于房子的中央附近，住宅中心处的楼梯浪费少，可以说这是平面设计的理论。从功能性来看，房子的中央附近通常也是家里的重要位置。在此设置的楼梯，并非只是用来升降的装置，还具有其他功能。

在守谷町之家，客户希望在客厅与厨房后门之间设置洗手处，从客厅应该看不到该洗手处，但又要确保使用方便；希望作为家族成员之一的吉娃娃帕蒂有一个属于自己的空间。

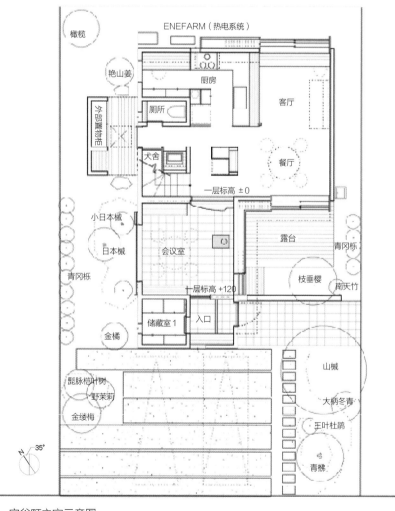

守谷町之家示意图

客户希望根据情况装上栅栏，让帕蒂无法随意进出；还要设置窗户，让帕蒂可以欣赏到庭院风景（笑）。此外，还想让帕蒂待在家人聚集场所的近旁，不让其有孤独感。这样的话，楼梯下的低处最合适不过了。楼梯下的高处是洗手间。于是，3.3平方米的楼梯就具备了多种功能。

楼梯的对面有一个三面可用的储物柜。在饮料专用小冰箱摆放处，有存放客厅杂物的储物柜；厨房还有存放各种小件物品的空间，墙面上陈列着各种控制器和开关等。通过设置这一方便的储物柜，可以避免从客厅看到楼梯下充满生活感的景象。

左 这是楼梯的上楼梯口。分隔板为厚30毫米的椴木贴面细木工板，切口部分使用了厚30毫米的实木。

右 楼梯下设计洗手间和家庭成员吉娃娃帕蒂的房间。还带有可以眺望外部的小窗。栅栏可以上下移动。

这是楼梯的二层部分。楼梯旁边是书房一角。会议室与稍低的开口处相连。因此，楼梯与书房的隔墙也稍低。

左 楼梯平台踏步板的旋转方法。楼梯平台由6块踏步板组成。

中 楼梯踢脚线高度为45毫米，连成折线。

右 楼梯第一级与厚度为30毫米的椴木贴面细木工板之间的连接。

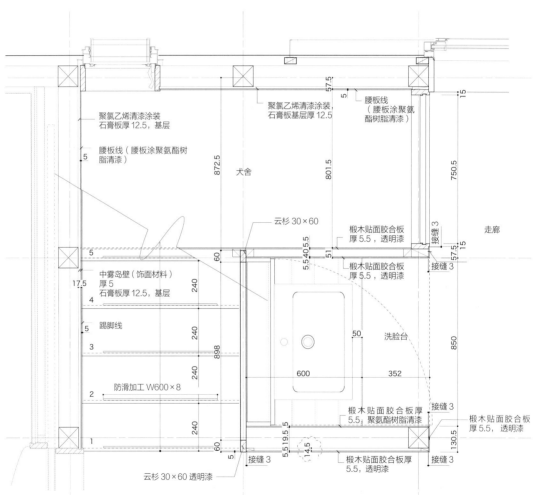

聚氯乙烯清漆涂装
石膏板厚 12.5，基层

腰板线（腰板涂聚氨酯树脂清漆）

中雾岛壁（饰面材料）
厚5
石膏板厚12.5，基层

踢脚线

防滑加工 W600×8

云杉 30×60 透明漆

57.5
5
腰板线
（腰板涂聚氨酯树脂清漆）

聚氯乙烯清漆涂装，
石膏板基层厚 12.5

犬舍

872.5

801.5

750.5

15

云杉 30×60

椴木贴面胶合板
厚 5.5，透明漆

接缝 3

走廊

椴木贴面胶合板
厚 5.5，透明漆

接缝 3

57.5
15

洗脸台

50

850

椴木贴面胶合板厚
5.5，聚氨酯树脂清漆

接缝 3

椴木贴面胶合板
厚 5.5，透明漆

椴木贴面胶合板厚
5.5，透明漆

接缝 3

130.5

17.5
4
5
3
2
1

240
240
240
240
898
60
5
接缝 3

60
5.5
40
5.5
51
5.5
19.5
14.5
600
352

楼梯下的高处为洗手间，低处为犬舍。分隔板厚度为30毫米，椴木贴面细木工板的切口处使用30毫米×60毫米的云杉，云杉与椴木贴面胶合板进行齐平处理（接缝3毫米余量）。让楼梯看起来像家具一样。

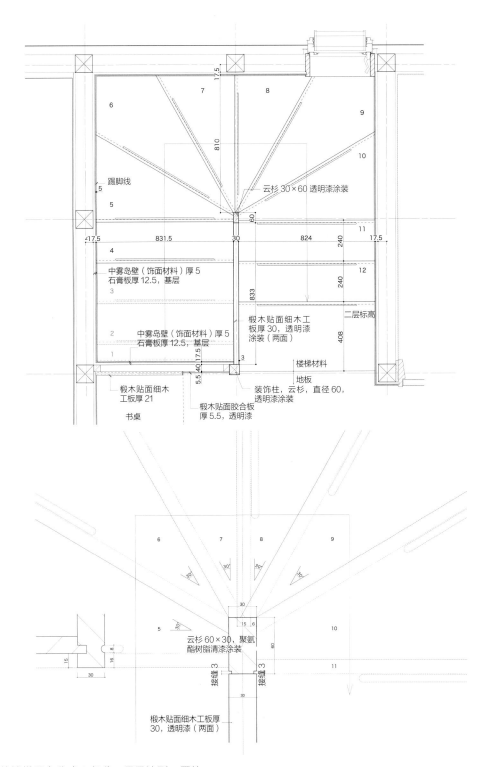

上 将楼梯平台分成 6 部分，尽早达到二层的
高度。这是为了确保洗手处的高度。可以根据
楼梯下的用途对楼梯平台的布置进行变更。

下 楼梯平台布置的实物尺寸图。

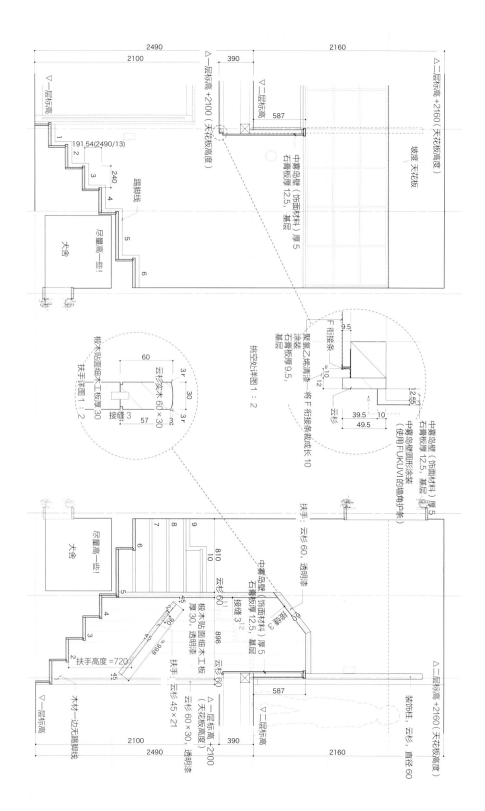

扶手用的是 30 毫米厚的椴木贴面细木工板，这点从扶手的剖面结构可以看出。稍带点儿圆形，握起来的感觉更舒适。

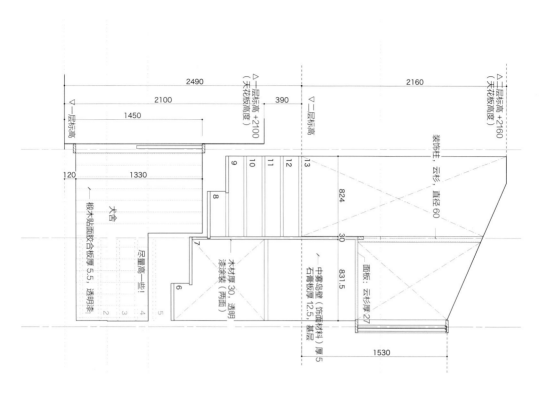

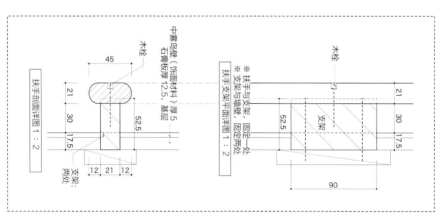

装在墙面上的扶手也是标准设计。这里
进行了改进，扶手稍倾斜，更容易抓握。

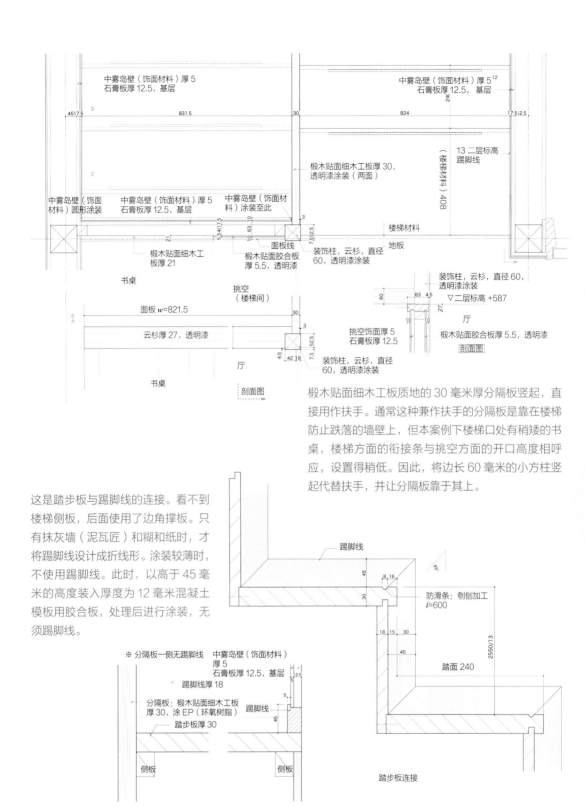

中雾岛壁（饰面材料）厚 5
石膏板厚 12.5，基层

中雾岛壁（饰面材料）厚 5[12]
石膏板厚 12.5，基层

椴木贴面细木工板厚 30，
透明漆涂装（两面）

13 二层标高
踢脚线

中雾岛壁（饰面
材料）圆形涂装

中雾岛壁（饰面材料）厚 5
石膏板厚 12.5，基层

中雾岛壁（饰面材料）涂装至此

楼梯材料

地板

装饰柱，云杉，直径
60，透明漆涂装

装饰柱，云杉，直径 60，
透明漆涂装

椴木贴面细木工板厚 21

椴木贴面胶合板厚 5.5，透明漆

面板线

挑空
（楼梯间）

面板 w=821.5

云杉厚 27，透明漆

装饰柱，云杉，直径
60，透明漆涂装

挑空饰面厚 5
石膏板厚 12.5

▽二层标高 +587

厅

椴木贴面胶合板厚 5.5，透明漆

剖面图

书桌

厅

剖面图

书桌

椴木贴面细木工板质地的 30 毫米厚分隔板竖起，直接用作扶手。通常这种兼作扶手的分隔板是靠在楼梯防止跌落的墙壁上，但本案例下楼梯口处有稍矮的书桌，楼梯方面的衔接条与挑空方面的开口高度相呼应，设置得稍低。因此，将边长 60 毫米的小方柱竖起代替扶手，并让分隔板靠于其上。

这是踏步板与踢脚线的连接。看不到楼梯侧板，后面使用了边角撑板。只有抹灰墙（泥瓦匠）和糊和纸时，才将踢脚线设计成折线形。涂装较薄时，不使用踢脚线。此时，以高于 45 毫米的高度装入厚度为 12 毫米混凝土模板用胶合板，处理后进行涂装，无须踢脚线。

踢脚线

防滑条：刨创加工
l=600

踏面 240

2550/13

踏步板连接

※ 分隔板一侧无踢脚线

中雾岛壁（饰面材料）
厚 5
石膏板厚 12.5，基层

踢脚线厚 18

分隔板：椴木贴面细木工板
厚 30，涂 EP（环氧树脂）

踢脚线

踏步板厚 30

侧板

侧板

墙壁与踏步板连接

上　溅水处使用柚木，并涂饰聚氨酯树脂清漆。墙壁为椴木贴面
胶合板，此处也涂饰聚氨酯树脂清漆。

下　这是楼梯下的凹处与吉娃娃帕蒂的房间。效果就像剜透了椴
木贴面胶合板一样。5.5毫米厚的椴木贴面胶合板露着切口。

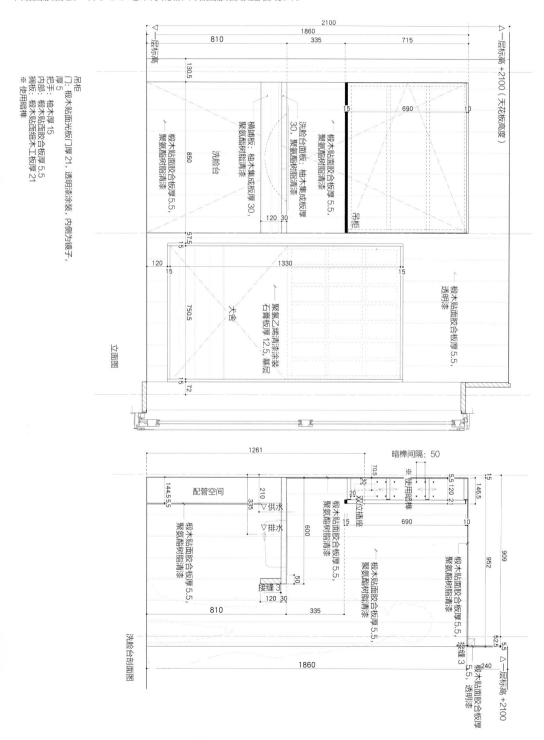

我认为楼梯是一处不可思议的空间。对楼梯有两种设计态度：一种是对楼梯特别看待；一种是将楼梯看作动线的一部分。《住宅设计解剖书》的作者增田奏先生说过："楼梯是上层楼面一步一步地延伸至下层楼面的装置。"这位深知设计真谛的资深建筑师说得太精辟了，令人心情舒畅。

楼梯不是特殊的设施，只需把它看作"立体走廊"即可。我把它当成了一条基本原则。此外，我认为楼梯不是单纯用来上下的设施，它还是用来展现空间和生活的重要元素，应该在楼梯上投入精力。我相信很多建筑师也是这样想的。

问：我感觉建筑师都重视楼梯的设计。我认为楼梯不是一种简单的升降装置，而是具有特别的意义。对此，你怎么看呢？

事实上，很多建筑师肯定也对楼梯设计绞尽了脑汁。楼梯的样式反映了建筑师各自的风格和价值观。但是，经常也可以看到有些建筑师忘记了楼梯本身的功能（从上层楼面延伸至下层楼面），在楼梯上投入了过多的精力，存在感过强。在各地工务店的样板房中经常看到一些楼梯，往好里说，是经典式的；如果不客气地说，就是低级趣味（笑）。看到这些楼梯时，我会强烈地感觉到，"本来做成普通的楼梯就够了，但是……"

不知是谁说过一句话，楼梯并非只是用来上下的设施！然而，惨不忍睹的楼梯被人们设计出来了。看着这种楼梯，我不禁会想，普通楼梯不是更好吗？

什么是普通楼梯呢？

虽然有难度，我还是尝试按自己的理解对楼梯进行定义。楼梯并非突兀地位于家中显眼之处，而是在平面布置上默默地处于最朴实、自然、最具动线效果的位置。就像上层的走廊一步一步地延伸到下层一样，这样就可以了（笑）。应让楼梯成为与住宅的内部装饰融为一体的材料或家具的一部分。对，是家具式的。让楼梯成为自然而顺畅地连接上下层的设施，这不是一件很好的事情吗？在认识到这一点之后，也可以尝试将楼梯当作一个特殊的空间来设计。

某次探访古民居，在一间储藏室中发现了一处简单的隐藏式楼梯，我的喜悦不言而喻。而当我看到朴素的箱式楼梯时，之所以会感到莫名高兴，是因为得以看到作为动线的朴实楼梯和楼梯的实用形态。

与吸引眼球的楼梯相比，我更喜欢朴素但与空间融为一体的楼梯。楼梯像家具一样融于空间之中，这才是我所追求的楼梯。

话虽如此，无庸置疑，我也想设计出令人们惊叹的漂亮楼梯。

答：的确，楼梯不只是一种升降设施，它同时也是展示空间、给生活增添韵味的元素。不过，我把楼梯当作家具之一，努力不去突出它，而是让它融入住宅空间之中。这也是给生活增添韵味的设计。

功能齐全的标准
直楼梯

i-village

将楼梯连接至二层的厨房旁，
优先考虑去洗脸间和洗衣间
的家务动线。

装有推拉门，避免制冷时的冷气流失到一层。高度为 900 毫米，厚度为 21 毫米。分为椴木贴面胶合板涂装透明漆和油性涂料两种。

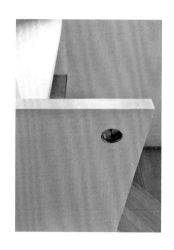

楼梯也可以像现场制作的家具那样具有多种功能，同时又能收拾得很整齐。这里使用的是楼梯标准化以来一直使用的标准直楼梯。沿着楼梯的直行方向进行较长布置时，标准直楼梯效果不错。楼梯的面积约为 3.3 平方米，外墙一侧为隐柱墙，室内走廊一侧为椴木贴面胶合板，间隔采用的是轻质材料。

带有隔热材料的墙壁为外壳（白墙或抹灰墙），外壳所保护的内侧为轻巧的间壁，单板的轻质感可以让房间显得更宽敞。楼梯既有间壁的功能，也起到了家具一样间隔的作用，感觉它不像是楼梯，而是现场定制家具。

最近，踏步板和踢面板使用松木集成材（JML 的 QUARTER PINE）。虽然是集成材，但没有纵向接头，看起来像实木板。

这幢住宅的楼梯下是卫生间，楼梯下更低处为收纳处。在下楼梯口处设有推拉门，是二层客厅的标准样式，推拉门高约 900 毫米，可以防止制冷时的冷空气流失到下层。推拉门旁边为现场定制的书架，楼梯的上楼梯口上部为壁橱，楼梯周围都得到了有效利用。

经常被人问起："楼梯中间间壁上的孔洞是干什么用的呢？"在客厅位于二层的住宅中，一层大多面朝走廊，这个孔洞就是为了给偏暗的一层走廊带来些许的光亮，从而消除走廊的压迫感。客厅在一层时，楼梯通常面朝客厅，此时基于同样的原因也会设置一个孔洞。但不知为何，孩子们似乎都很喜欢这个窗口。他们可以嬉笑着从这个孔洞偷窥在客厅的来客（笑）。对孩子们而言，这是一个开心的驻足处。

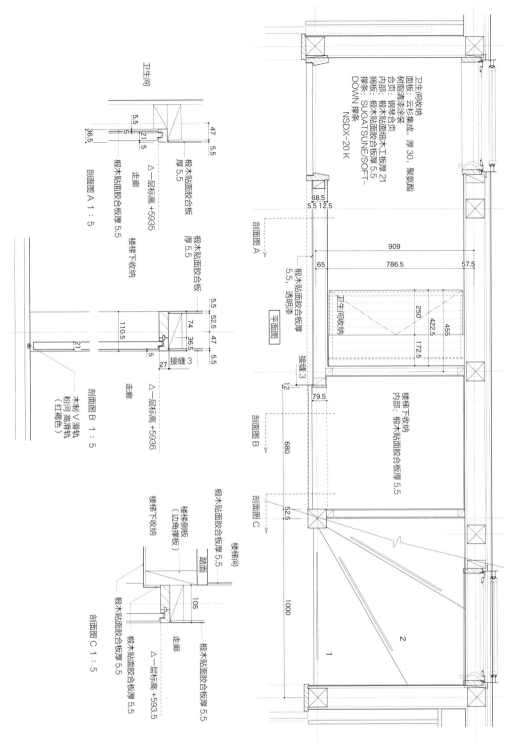

卫生间收纳
面板：云杉集成，厚30，聚氨酯
树脂清漆涂装
合页：钢琴合页
内部：椴木贴面细木工板厚21
搁板：椴木贴面胶合板厚5.5
撑条：SUGATSUNE/SOFT-
DOWN撑条
NSDX-20 K

剖面图A

平面图

接缝3

椴木贴面胶合板厚
5.5，透明漆

楼梯下收纳
内部：椴木贴面胶合板厚5.5

卫生间收纳

250
422.5
455
172.5

剖面图B

79.5
12
680

椴木贴面胶合板厚5.5

剖面图C

52.5
105

楼梯侧板
（边角撑板）
楼梯间

椴木贴面胶合板厚5.5

踏面

1000

2

1

△一层标高 +593.5

走廊
椴木贴面胶合板厚5.5

68.5
5.5 12.5
909
65
786.5
57.5

卫生间

5.5 5
47
36.5
5
21

剖面图A 1：5

椴木贴面胶合板
厚5.5

△一层标高 +5935

走廊

椴木贴面胶合板
厚5.5

楼梯下收纳

5.5 52.5 5
74
36.5
47
5.5
5
27
110.5
21

接缝3

△一层标高 +5936

走廊

剖面图B 1：5

木制V滑轨
粉河高滑轨
（红橙色）

楼梯下收纳

楼梯下收纳

走廊

椴木贴面胶合板厚5.5

剖面图C 1：5

△一层标高 +593.5

楼梯下的高处用作卫生间，低处用作收纳区。本图也可用
作各自边框周围的详图。因高度的关系在卫生间背面设置
收纳处，坐便器尽量布置在天花板较高的位置。

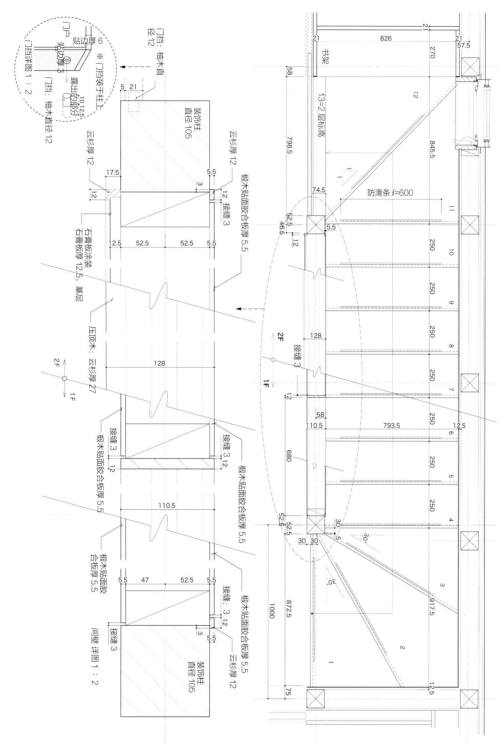

这是踏步板的分区和上下层装饰柱周围的连
接，也是决定开口处边框周围的图纸。

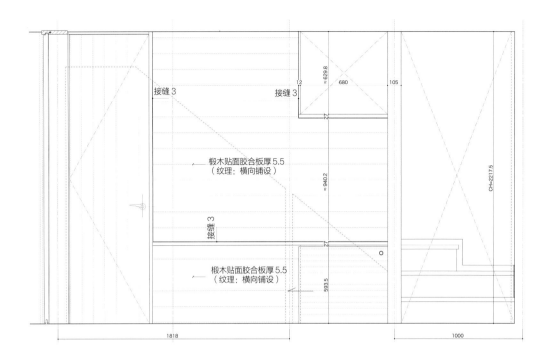

接缝 3

接缝 3

629.8

680

105

12

27

椴木贴面胶合板厚 5.5
（纹理：横向铺设）

940.2

接缝 3

27

椴木贴面胶合板厚 5.5
（纹理：横向铺设）

593.5

CH=2217.5

o

1818

1000

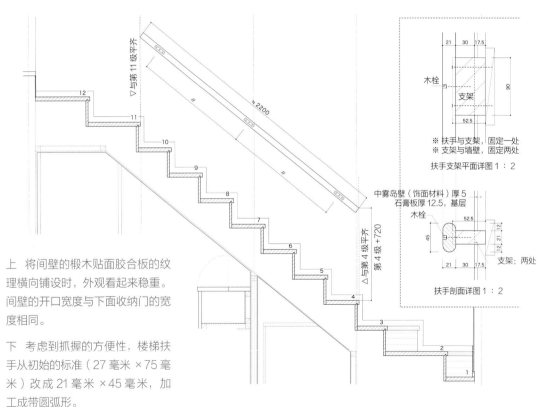

上 将间壁的椴木贴面胶合板的纹理横向铺设时，外观看起来稳重。间壁的开口宽度与下面收纳门的宽度相同。

下 考虑到抓握的方便性，楼梯扶手从初始的标准（27 毫米 ×75 毫米）改成 21 毫米 ×45 毫米，加工成带圆弧形。

21 30 17.5

木栓

支架

90

52.5

※ 扶手与支架，固定一处
※ 支架与墙壁，固定两处

扶手支架平面详图 1 : 2

中雾岛壁（饰面材料）厚 5
石膏板厚 12.5，基层

木栓

52.5

45

12 21 12

21 30 17.5

支架：两处

扶手剖面详图 1 : 2

▽与第 11 级平齐

≈2200

12

11

10

9

8

7

6

5

4

3

2

1

△与第 4 级平齐
第 4 级 +720

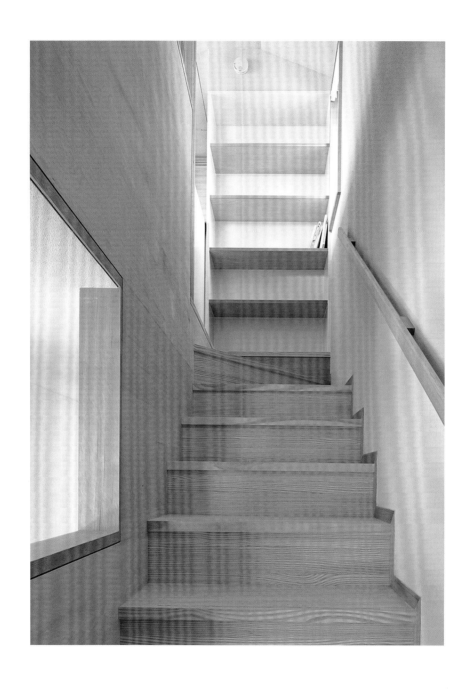

这是从下往上看楼梯时的情景。右侧为
面朝外墙的墙壁,是隐柱墙;左侧为与
走廊之间的间壁,是露柱墙。上楼梯口
装饰柱的位置略有偏移,确保容易进入,
楼梯宽度为 1000 毫米。

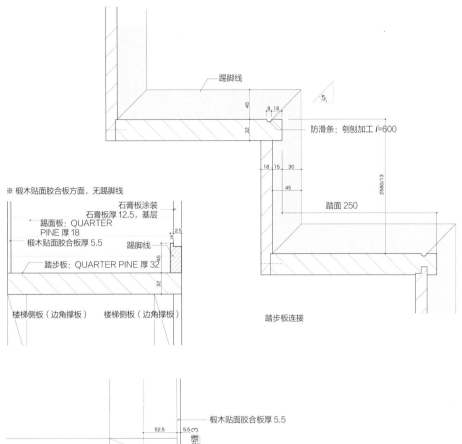

踢脚线

45°

防滑条：刨刨加工 *l*=600

8, 16

32

18, 15, 30

45

2580/13

踏面 250

踏步板连接

※ 椴木贴面胶合板方面，无踢脚线

石膏板涂装
石膏板厚 12.5，基层

踢面板：QUARTER
PINE 厚 18

椴木贴面胶合板厚 5.5

踏步板：QUARTER PINE 厚 32

踢脚线

2.5

45

32

楼梯侧板（边角撑板）　　楼梯侧板（边角撑板）

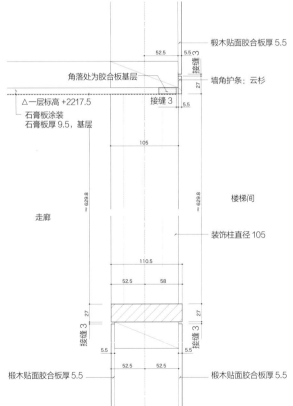

椴木贴面胶合板厚 5.5

52.5　　5.5　接缝 3

角落处为胶合板基层

27

墙角护条：云杉

△一层标高 +2217.5

接缝 3　5.5

石膏板涂装
石膏板厚 9.5，基层

105

≈629.8

≈629.8

楼梯间

走廊

装饰柱直径 105

110.5

52.5　　58

27　　　　27

接缝 3　　接缝 3

5.5　　　5.5

52.5　52.5

椴木贴面胶合板厚 5.5　　　　椴木贴面胶合板厚 5.5

踏步板与墙壁之间的连接和旋转楼梯相同。在隐柱墙一侧，踢脚线呈折线形；在椴木贴面胶合板一侧，踏面进行了对接（至于是否雕刻、插接，由木工决定）。开口处的处理很重要，椴木贴面胶合板与边框、墙角护条之间留有接缝，确保平齐。这样的处理方式，其难度也许可以与家具相提并论。

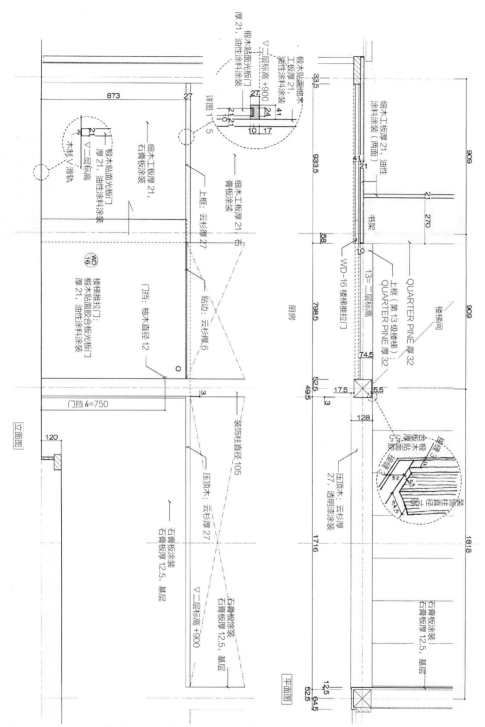

为防止制冷时的冷气流失至下层，在二层下楼梯口处设置推拉门。在柱中嵌入10毫米厚的柚木板，在推拉门上进行雕刻，制作导轨，确保柚木板可以插入。若家中有幼儿，也可以上锁。

"南与野的住宅"是为一家三口成年人而设计的宽敞住宅。该住宅的设计重视各自的独立空间，确保了良好的距离感。玄关走道直接延续至室内，成为连接庭院的动线。该动线也起到了划分家人"领地"的作用。在此设置楼梯，通向二层的客厅。楼梯的前面有中庭，不想让楼梯遮挡看向中庭的视线。虽然使用木制楼梯也可以，但是钢结构楼梯更为清爽，体积小，质量轻，像浮在空中一样，更加合适。通过周围墙壁上不显眼的三处支架进行支撑，楼梯平台为半圆形。庭院洗手钵中的水所反射的光线从墙壁与楼梯侧面铁板之间透过。扶手采用的是直径 16 毫米的细圆钢。

考虑到平时在家中都是裸足踩在地板上、空手触摸扶手，因此，在室内不经常使用金属部件。但在这里，让我重新认识到了金属部件的乐趣和魅力。该楼梯轻巧且没有低级趣味，它安装在此，不是为了让你看楼梯本身，而是将你的视线导向前面的庭院。

A.

答：因为我一直深深意识到楼梯也应该像家具一样具有收纳功能，所以不会为了实现专供欣赏的设计和营造外形美观的楼梯而选择钢结构。我认为以外形美观这种态度营造出的空间带有低级趣味。如果可以通过木材营造出没有低级趣味的楼梯，我就会选择木材。当然，如果只有用钢结构才行，那我也会挑战钢结构。

Q.

问：建筑师一般都喜欢外形美观的钢结构楼梯，不过，伊礼先生似乎不经常使用钢结构楼梯，这是为什么呢？

33

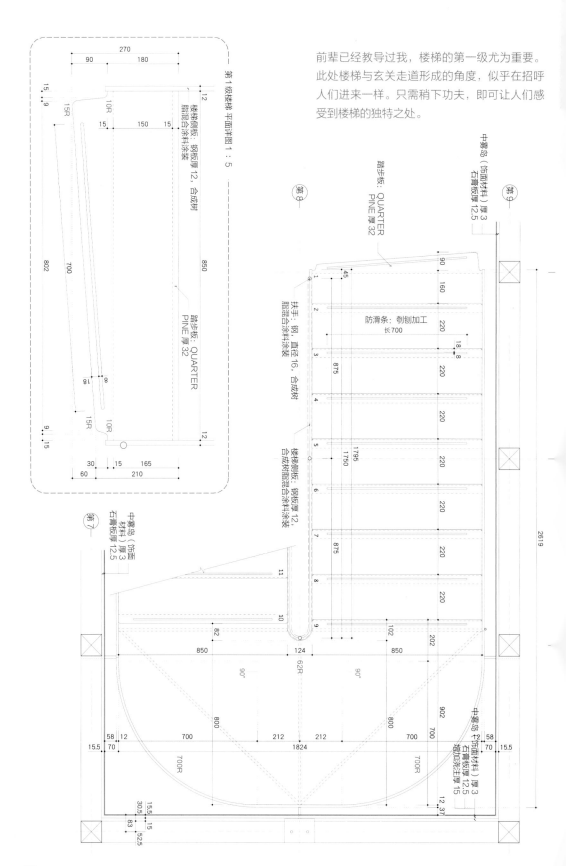

前辈已经教导过我，楼梯的第一级尤为重要。此处楼梯与玄关走道形成的角度，似乎在招呼人们进来一样。只需稍下功夫，即可让人们感受到楼梯的独特之处。

第1级楼梯 平面详图1：5

楼梯侧板：钢板厚12，合成树脂混合涂料涂装

踏步板：QUARTER PINE厚32

踏步板：QUARTER PINE厚32

中霰岛（饰面材料）厚3 石膏板厚12.5

中霰岛（饰面材料）厚3 石膏板厚12.5

踏步板：QUARTER PINE厚32

扶手：钢，直径16，合成树脂混合涂料涂装

防滑条：刨削加工 长700

楼梯侧板：钢板厚12，合成树脂混合涂料涂装

中霰岛（饰面材料）厚3 石膏板厚12.5

中霰岛（饰面材料）厚3 石膏板厚12.5 增加涂主厚15

152

虽然是浮在空中的楼梯，但必须在多处进行不显眼的物理支撑。图中是施工过程中墙壁上的连接与支撑。

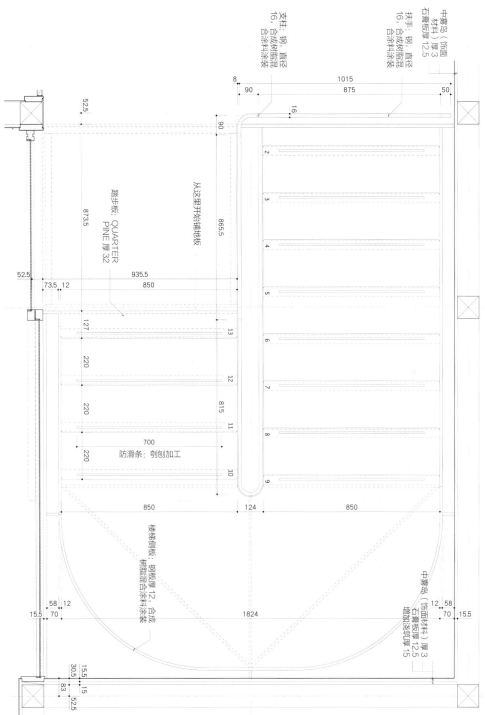

扶手：钢，直径16，合成树脂混合涂料涂装

支柱：钢，直径16，合成树脂混合涂料涂装

中岛（饰面材料）石膏板厚3（厚12.5）

踏步板：QUARTER PINE 厚32

从这里开始铺地板

防滑条：剞刨加工

楼梯侧板：钢板厚12，合成树脂混合涂料涂装

中岛（饰面材料）石膏板厚12.5，厚3 墙增加养筑厚15

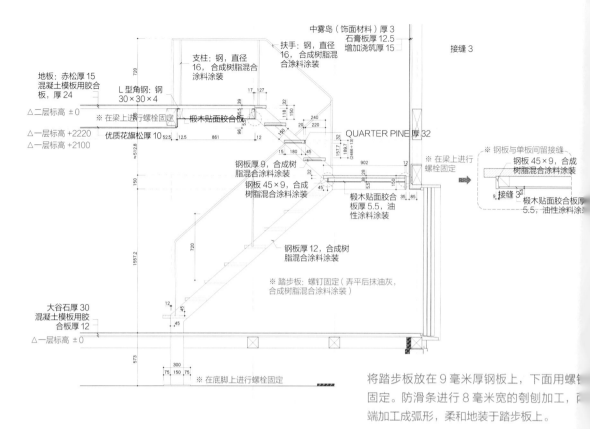

中雾岛（饰面材料）厚 3
石膏板厚 12.5
增加浇筑厚 15

接缝 3

扶手：钢，直径
16，合成树脂混
合涂料涂装

支柱：钢，直径
16，合成树脂混
合涂料涂装

地板：赤松厚 15
混凝土模板用胶合
板，厚 24

L 型角钢：钢
30×30×4

△二层标高 ±0

※ 在梁上进行螺栓固定

椴木贴面胶合板

△一层标高 +2220

优质花旗松厚 10

△一层标高 +2100

QUARTER PINE 厚 32

※ 在梁上进行
螺栓固定

※ 钢板与单板间留接缝
钢板 45×9, 合成
树脂混合涂料涂装

接缝 3

椴木贴面胶合板厚
5.5，油性涂料涂装

钢板厚 9，合成树
脂混合涂料涂装

钢板 45×9，合成
树脂混合涂料涂装

椴木贴面胶合
板厚 5.5，油
性涂料涂装

钢板厚 12，合成树
脂混合涂料涂装

※ 踏步板：螺钉固定（弄平后抹油灰，
合成树脂混合涂料涂装）

大谷石厚 30
混凝土模板用胶
合板厚 12

△一层标高 ±0

※ 在底脚上进行螺栓固定

将踏步板放在 9 毫米厚钢板上，下面用螺钉
固定。防滑条进行 8 毫米宽的剀刨加工，两
端加工成弧形，柔和地装于踏步板上。

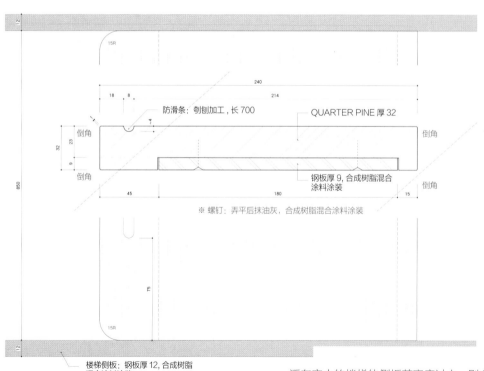

防滑条：剀刨加工，长 700

QUARTER PINE 厚 32

倒角

倒角

倒角

钢板厚 9，合成树脂混合
涂料涂装

倒角

※ 螺钉：弄平后抹油灰，合成树脂混合涂料涂装

楼梯侧板：钢板厚 12，合成树脂
混合涂料涂装

浮在空中的楼梯的侧板若宽度过大，则会破坏楼梯
的整体效果。在此，宽度控制在 150 毫米，扶手采
用的是直径 16 毫米的钢材，确保轻质。

短评

建筑物信息

拉图雷特修道院

所在地：法国里昂

设计：勒·柯布西耶

竣工：1959 年

各房间均带有小型露台，房间给人感觉比实际宽敞一些。墙壁和天花板喷涂成粗犷的白色。没有任何灯具，强化禁欲主义。

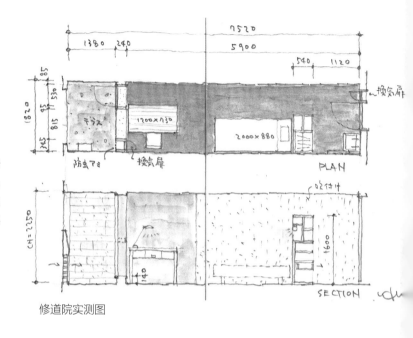

修道院实测图

拉图雷特修道院 （法国）

拉图雷特修道院是建筑大师勒·柯布西耶的杰作之一，它真实再现了柯布西耶的现代建筑五原则——底层架空、水平长窗、自由平面、自由立面、屋顶花园。我住宿的房间原本是修道士住的房间。对修行者而言，无须奢侈，所以仅提供必要的、最低限度的简朴空间。尽管如此，这样的空间宁静而舒适，我立即进行了实测！

细长的房间内侧宽约 1820 毫米，接近日本尺制尺寸，天花板高约 2250 毫米，控制得稍低，接近我自己平时的设计。通过实测，我得以切身体会柯布西耶提出的"模数"这一独特的尺寸体系。

第
5
章

厨
房

Irei Satoshi's
House Design
RULE

Q/A
34-39

CASE
15-22

作为生活空间
中心的厨房

烹饪和设计都会给我带来制作物品的喜悦。制作时的开心、品尝（欣赏完工的物品）时的喜悦，都令人感动。尽管所用的素材、方法和表现形式各异，但烹饪这一行为可以让人体会到"思考""制作""完成"这一过程的成就感。

烹饪与本职工作设计之间的不同之处在于完工所需的时间和制作者不同（本职工作的制作者是工务店）。

住宅在接受委托至交付之间约需一年时间，在此期间一直保持制作的欲望异常之难。与烹饪相比，住宅所需的费用和材料多到不可比拟（笑）。

在制作的同时，还要解读客户的要求并加以理解，再将自己的想法传达给客户，整合设计；进入现场后，需要画图，在现场进行说明，将设计意图传达给工务店的监督人员和包括木工在内的各类工人，这绝非一件轻松的事情。

作为事务所的所长，对于事务所的一切工作，均需与相关负责人研究实施设计，做出指示。有时会为自己的意图没有得到传达而着急；有时又会因员工的失误而生气，但又必须站出来去解决问题，会很累的。

而烹饪则是一个人可以处理所有事情，1小时左右即可完成。在"赖以维生的职业"进展不顺时，烹饪是一种恢复训练，可以放松因工作而僵化的思维，我认为它不是消除发散出来的紧张，而是积累技术，给人带来进步、令人喜悦的行为。这应该也可以称为"小型建筑"吧。

问：我在伊礼先生的博客中看到过午餐『私房菜』。你自己烹饪吗？我感觉喜欢烹饪的建筑师比较少。烹饪的好处是什么呢？

答：烹饪是让因工作而僵化的思维恢复平衡的手段，可以说它是一种制造『小型建筑』的行为。

34

159

正是因为这个原因，只要我在事务所，就尽量做午餐。不顾员工的不便（笑）。

文艺春秋社出版过一本随笔集《男人的厨房》。作者是以电影评论而为人所知的荻昌弘先生。这是一本将近 40 年前出版的书，是我 20 多岁时喜欢看的书之一。书中有一个章节写道，"至少对男人而言，与食物直接发生关系是恢复平衡的极佳方法"。在此，若将文中的"男人"替换成"建筑师"或"住宅制作者"，则可以直接作为回复你提问的答案（笑）。该书是努力在自己的厨房中复制、重现旅途中所吃到的美食的奋斗史，也可以说是对经济高度发展时期日本美食的荒废饱含愤怒之情的批判书籍。书中不时出现的东京腔文体诙谐而风趣。

通过旅行，培养味觉，提高技艺，对美食、地域及厨师怀有敬意，通过自己的舌尖向世间的骗子提出质疑。这本随笔集描述的都是此类内容。

若将"舌尖"换成"眼睛"，"美食"换成"建筑"，"厨师"换成"制作者"，则进厨房变成了对住宅制作者的建议。事务所的厨房变成了"男人的厨房"（恢复训练）的实践场所。

榻榻米客厅的住宅。与榻榻米客厅面对面的厨房。

35

我认为，一起做饭一起享用是将人们联系起来的最原始的行为。因此，我很重视厨房这一场所。我之前的作品中写到过"厨房是生活的中心""厨房定位于整体动线之中"。

回首自己的设计，厨房的形式就会浮现于眼前（因为自己也不是很清楚）。列出几个实例就会发现，似乎自己总是留意动线，避免建造死胡同式的厨房。若实在无法确保可环绕的动线，则设计成半开放式，减小进深。我想将厨房设计成方便家人进出的空间。

A. **Q.**

答：我一直注意不把厨房建成死胡同，而是把它建成家人出入方便的空间。

问：在住宅之中，厨房应该是什么样的呢？

为四口之家设计的标准住宅"i-works 2008"是总建筑面积约为 84 平方米的小型住宅。半开放式的厨房具有可环绕动线，虽然空间紧凑，但去往厨房后面的浴室和厕所等处很方便。厨房旁面积 1.62 平方米大小的餐具柜内置了小桌子，功能齐备。从厨房通过一个大开口可以看到外面的景色，这也是其特征之一。

厨房和餐厅通过两面可用的家具隔开，在确保收纳量的同时，抬高隔墙的高度，将各种家电隐藏起来。

15
——
案 例

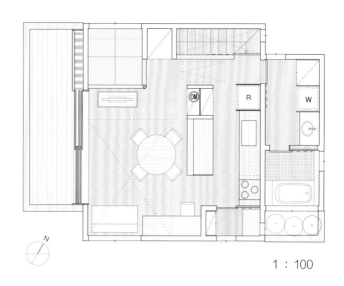

1：100

餐桌并未放在厨房的正
对面,而是摆放在采光
好的厨房斜对面。这样
摆放饭菜也方便。

16

案 例

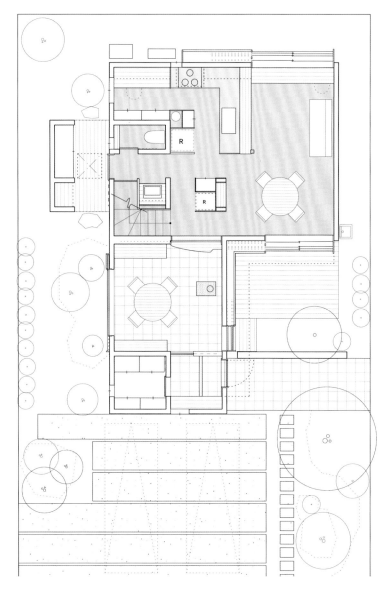

守谷町之家

Ｌ形对面式
厨房

守谷町之家的厨房为 L 形对面式,但其对面配置的不是餐桌,
而是客厅的沙发,厨房与沙发面对面。因为电视机放在厨房家具中,
所以才会形成这样的面对面形式。餐厅则位于厨房的斜对面。这
样布置之后,自厨房导出的动线才更方便(虽然不是普通的形态)。
从厨房可以看到北面的散步道,厨房里面有属于女主人的兼作餐
具柜的空间,这也是特点之一。从厨房可以光着脚去外部置物柜
的区域。

幕张本乡之家有三条可环绕动线，虽然平面设计图简单，但有着可移动、环绕的动线。将隔墙的高度抬高至 1100 毫米，使配膳台上放置之物不会从外部被看到。厨房灯确保厨房的明亮。从室内装饰来看，厨房与客（餐）厅的风格一致，因此，厨房的墙壁统一涂成白色。

于是就有了位于全家都看得到的位置、有着可以环绕的动线、利用天窗采光的厨房。

17

案例

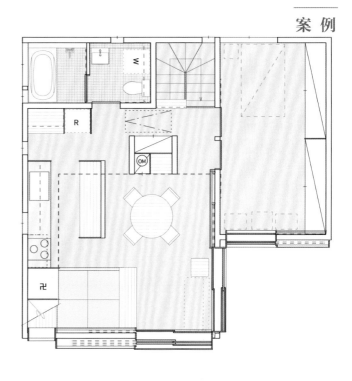

客厅与餐厅一体的中心厨房

幕张本乡之家

行动自如的餐厅厨房

那珂凑市之家

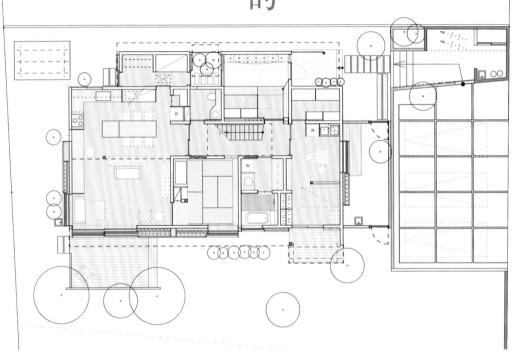

18
案 例

厨房与客厅的现场制作的家具相连，与客厅成为一体。

这是那珂凑市之家的餐厅厨房。餐桌也可用作烹饪台，适合举办派对。因为将餐厅置于厨房之中，只需较小的面积即可营造出宽敞的厨房。该住宅带有后院式储藏室，穿过中庭，通往玄关。

厨房与餐厅和客厅融为一体
的那珂凑市之家。

小巧的厨房

像驾驶舱般

白马山庄

右页图是为一名前员工的父母享受滑雪而建的周末山庄。因此，厨房控制在最低限度。

19

案 例

这是为一对周末享受滑雪的夫妻而建的小型别墅，它具有最低限度的功能，可以满足短期逗留的需求。厨房面积虽然只有 3 平方米多一点，但业主希望它具有最低限度的功能，在确保收纳量的同时，还能带来乐趣。

厨房位于别墅中央，是一个被包围起来的小型空间，客厅与厨房融为一体。从厨房可以欣赏外面的景色，可以从小窗看到土间。厨房虽小，但它却是别墅司令塔般的存在。厨房被设计成半封闭型，可以在有限的空间中确保厨房操作台的面积足够大，半封闭型的一边斜置，确保进出方便。

因为这个厨房不会用来做正式的料理，所以面积稍小。若面积再大一点，则跟普通住宅的厨房相当。通过这个项目，我体会到了半封闭型厨房的潜力和乐趣。

家人来厨房时的驻足处

很早以前我们就被教育过，住宅最重要的部分在于落语（日本的传统曲艺形式，相当于中国的单口相声）"寿限无"中所说的"衣食住"中的"住"这一行为。

那么，"住"是指什么样的行为呢？我认为"住"是指思考、交谈（团聚）等人类特有的文化行为。

我年轻的时候就听说过，预计吃饭和烹饪会随着文明的发展而被"外包"，今后吃饭和烹饪不在家里而是在外面进行（这真是错误）。没想到城市化会带来这种变化。但是，我认为，"烹饪"是一种技术、一种重要的文化，这已经是这个时代的共识。更何况，日本料理还被列入联合国教科文组织非物质文化遗产名录。由此可见，烹饪是不亚于"住"的重要文化行为。我理解这一点，"吃"也是一种优秀的文化。正因为如此，我才想设计可以看到烹饪情形的厨房，我才认为烹饪时的气味和声音也是一种文化。

我们不应在密室中烹饪，而应在家人面前快乐地烹饪。厨房就应该出入方便，谁都可以参与进来。我想让厨房成为充满活力和欢乐的地方。

秩父市之家的厨房位于餐厅的后方，餐厅的长椅与厨房连成一体。长椅还起到了客厅沙发的作用，烹饪、吃、住的地方整合成一个区域。

从厨房和餐厅都可以看到电视和柴火炉的火焰，厨房旁的餐具柜内置小桌子，将连接外部的线路和电脑收纳其中。厨房周围是住宅的中心，应该做到家人出入方便[因为冰箱是大家的（笑）]，它是联系家人的场所。

理解了"食"（烹饪、吃）是一种文化之后，厨房周围就成了最开心的场所之一，可以给人们带来生活的乐趣。

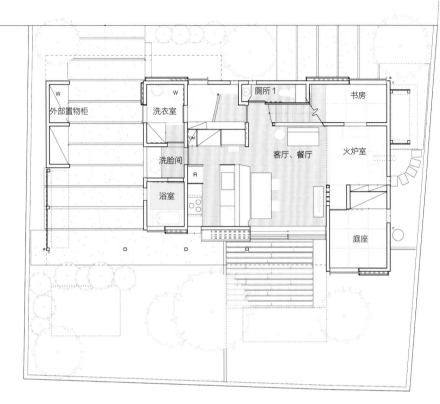

秩父市之家一层平面图

图中标注：外部置物柜　W　洗衣室　W　厕所1　书房　洗脸间　OM　客厅、餐厅　火炉室　浴室　R　庭座

我较少进行考究的设计。尽量只设计必要的收纳空间（话虽如此，但会稍多一些），重视餐厅与客厅的过渡。因此，墙壁装饰的端部处理尤为重要。

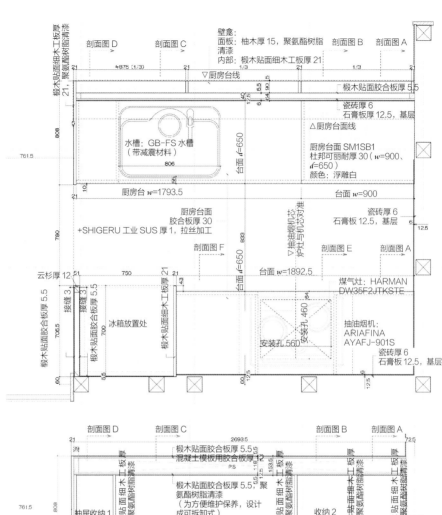

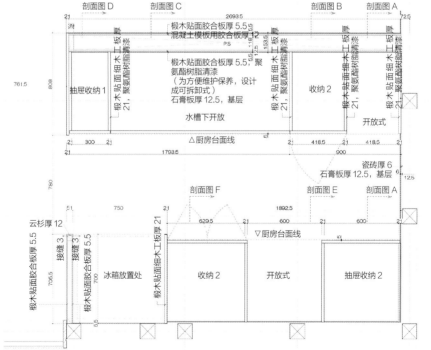

秩父市之家厨房平面图

这是隔断处稍稍抬高的半开放式（对面式）厨房的结构，背后为煤气灶，餐厅旁为水槽。台面为1毫米厚拉丝不锈钢，门为聚氨酯树脂清漆涂装的椴木贴面胶合板，拉手为柚木实木，墙壁以铺瓷砖为主，也有部分抹灰墙，使客厅与厨房空间融为一体。

为方便制作面包，水槽旁使用了人造大理石台面。抬高厨房隔断处以挡住外面的视线，此外，厨房还与客厅和庭院联系在一起。

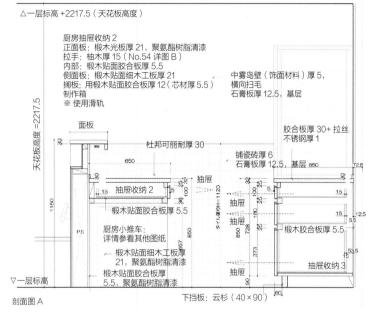

厨房抽屉收纳3
正面板：椴木光板厚21，聚氨酯树脂清漆
拉手：柚木厚15（No.54详图B）
内部：椴木贴面胶合板厚5.5
侧面板、底板：椴木贴面细木工板厚21
搁板：用椴木贴面胶合板厚12（芯材厚5.5）制作箱
※ 使用滑轨

△一层标高 +2217.5（天花板高度）

厨房抽屉收纳2
正面板：椴木光板厚21，聚氨酯树脂清漆
拉手：柚木厚15（No.54详图B）
内部：椴木贴面胶合板厚5.5
侧面板：椴木贴面细木工板厚21
搁板：用椴木贴面胶合板厚12（芯材厚5.5）制作箱
※ 使用滑轨

中雾岛壁（饰面材料）厚5，
横向扫毛
石膏板厚12.5，基层

天花板高度=2217.5

面板

杜邦可丽耐厚30

抽屉收纳2

抽屉收纳2
椴木贴面胶合板5.5

厨房小推车：
详情参看其他图纸
椴木贴面细木工板厚21，聚氨酯树脂清漆
椴木贴面胶合板厚5.5，聚氨酯树脂清漆

胶合板厚30+ 拉丝
不锈钢厚1

铺瓷砖6
石膏板厚12.5，基层

抽屉

抽屉
椴木胶合板厚5.5

抽屉
抽屉收纳3

▽一层标高

剖面图 A

下挡板：云杉（40×90）

厨房收纳1
门：椴木光板厚21，聚氨酯树脂清漆
拉手：柚木厚15（No.54详图B）
内部：椴木贴面胶合板5.5
搁板：椴木贴面细木工板厚21

柚木实木厚15，聚氨酯树脂清漆

椴木贴面胶合板厚5.5

局部详图 1：2

倒角
厨房台面：柚木集成材厚30，聚氨酯树脂清漆
荧光灯：搁架下安装，暖白色
用厚21细木工板做骨架
云杉实木厚21，聚氨酯树脂清漆
瓷砖厚6
石膏板厚12.5，基层
配线空间宽40

局部详图 1：2

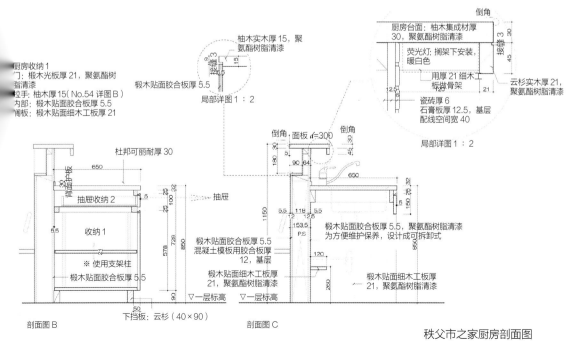

杜邦可丽耐厚30

背面护板

抽屉收纳2

收纳1

※ 使用支架柱

椴木贴面胶合板厚5.5

剖面图 B

下挡板：云杉（40×90）

抽屉

倒角 面板 d=300 倒角

椴木贴面胶合板厚5.5，聚氨酯树脂清漆
为方便维护保养，设计成可拆卸式

椴木贴面胶合板厚5.5
混凝土模板用胶合板厚12，基层

椴木贴面细木工板厚21，聚氨酯树脂清漆

椴木贴面细木工板厚21，聚氨酯树脂清漆

▽一层标高

▽一层标高

剖面图 C

秩父市之家厨房剖面图

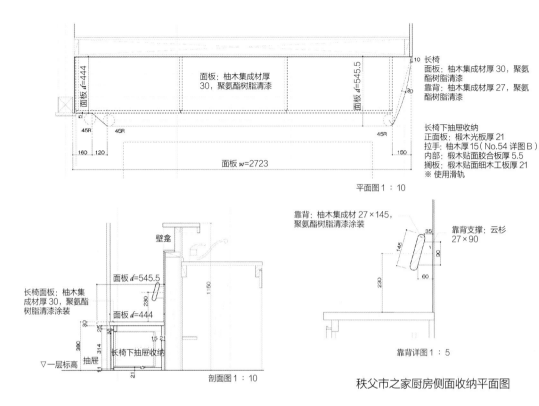

长椅
面板：柚木集成材厚 30，聚氨酯树脂清漆
靠背：柚木集成材厚 27，聚氨酯树脂清漆

面板：柚木集成材厚 30，聚氨酯树脂清漆

面板 d=444

面板 d=545.5

长椅下抽屉收纳
正面板：椴木光板厚 21
拉手：柚木厚 15（No.54 详图 B）
内部：椴木贴面胶合板厚 5.5
搁板：椴木贴面细木工板厚 21
※ 使用滑轨

面板 w=2723

平面图 1：10

壁龛

靠背：柚木集成材 27×145，聚氨酯树脂清漆涂装

靠背支撑：云杉 27×90

长椅面板：柚木集成材厚 30，聚氨酯树脂清漆涂装

面板 d=545.5

面板 d=444

长椅下抽屉收纳

▽一层标高   抽屉

剖面图 1：10

靠背详图 1：5

秩父市之家厨房侧面收纳平面图

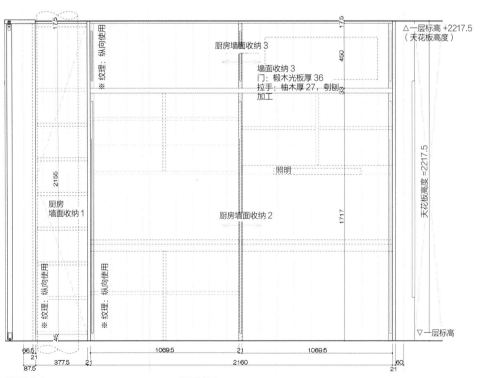

△一层标高 +2217.5
（天花板高度）

厨房墙面收纳 3
墙面收纳 3
门：椴木光板厚 36
拉手：柚木厚 27，剞刨加工

照明

厨房墙面收纳 1

厨房墙面收纳 2

纹理：纵向使用 ※

纹理：纵向使用 ※

纹理：纵向使用 ※

天花板高度=2217.5

▽一层标高

2160

墙面收纳 1
门：椴木光板厚 33，透明漆涂装
※ 一按即开式
　使用磁吸（SUGATSUNE）

墙面收纳 2
门：椴木光板厚 36，透明漆涂装
拉手：柚木厚 27，剞刨加工

秩父市之家厨房横向收纳立面图

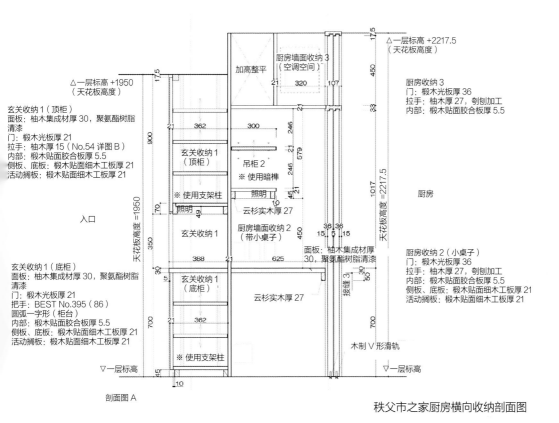

△一层标高 +1950
（天花板高度）

△一层标高 +2217.5
（天花板高度）

玄关收纳1（顶柜）
面板：柚木集成材厚30，聚氨酯树脂清漆
门：椴木光板厚21
拉手：柚木厚15（No.54 详图 B）
内部：椴木贴面胶合板厚5.5
侧板、底板：椴木贴面细木工板厚21
活动搁板：椴木贴面细木工板厚21

入口

玄关收纳1（底柜）
面板：柚木集成材厚30，聚氨酯树脂清漆
门：椴木光板厚21
把手：BEST No.395（86）
圆弧一字形（柜台）
内部：椴木贴面胶合板厚5.5
侧板、底板：椴木贴面细木工板厚21
活动搁板：椴木贴面细木工板厚21

天花板高度=1950

加高整平

厨房墙面收纳3
（空调空间）

玄关收纳1
（顶柜）

※ 使用支架柱

照明

吊柜2
※ 使用暗榫

照明

云杉实木厚27

玄关收纳1

厨房墙面收纳2
（带小桌子）

玄关收纳1
（底柜）

云杉实木厚27

※ 使用支架柱

剖面图 A

厨房收纳3
门：椴木光板厚36
拉手：柚木厚27，刨刨加工
内部：椴木贴面胶合板厚5.5

天花板高度=2217.5

厨房

厨房收纳2（小桌子）
门：椴木光板厚36
拉手：柚木厚27，刨刨加工
内部：椴木贴面胶合板厚5.5
侧板、底板：椴木贴面细木工板厚21
活动搁板：椴木贴面细木工板厚21

接缝3

木制V形滑轨

▽一层标高

面板：柚木集成材厚30，聚氨酯树脂清漆

▽一层标高

秩父市之家厨房横向收纳剖面图

从厨房看餐厅、客厅时的情景。

厨房旁边是长 2727 毫米的餐具柜，部分空间用作 OM 太阳能系统的配管空间；部分空间内置小桌子，用作电脑角。门为推拉门，可以完全开放使用。餐具柜的对面是玄关收纳区，感觉玄关与厨房像用家具隔开了一样。我经常用家具来间隔空间，而不是用墙壁。因为没有墙壁，所以采用由木工和门窗店制作的可以从两边自由设置进深的家具。我经常像秩父市之家这样在厨房旁设置餐具柜或食品柜，有时也将冰箱装于餐具柜中，那样可以更加方便地设置动线。

内置小桌子的
餐具柜

开口处与长椅的连接

对于面对面式厨房，餐厅的对面通常是墙壁或收纳家具，但在秩父市之家中，是现场制作的长椅。

虽然家人离得很近，但在庭院、电视机旁和柴火炉等地的视角各不相同，可以将餐厅设计得很紧凑。

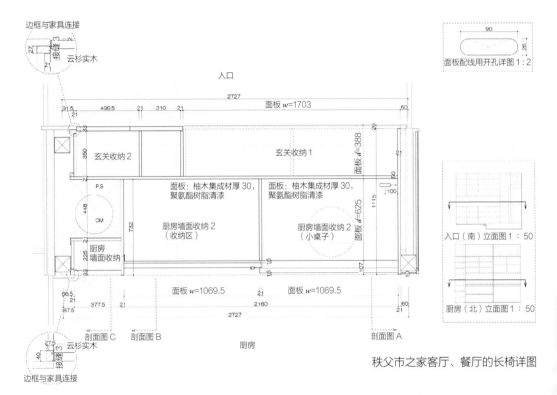

边框与家具连接

接缝 3

云杉实木

入口

面板 w=1703

2727

31.5　499.5　21　310　21　60

玄关收纳 2

玄关收纳 1

面板 d=388

P.S

OM

面板：柚木集成材厚 30，聚氨酯树脂清漆

面板：柚木集成材厚 30，聚氨酯树脂清漆

面板 d=625

1115

厨房墙面收纳 2（收纳区）

厨房墙面收纳 2（小桌子）

厨房墙面收纳 1

面板 w=1069.5

面板 w=1069.5

2160

剖面图 C　剖面图 B

剖面图 A

厨房

2727

边框与家具连接

接缝 3

云杉实木

面板配线用开孔详图 1∶2

90

25

入口（南）立面图 1∶50

厨房（北）立面图 1∶50

秩父市之家客厅、餐厅的长椅详图

秩父市之家的客厅

秩父市之家的餐厅

21
案例

以住宅的产品化为目标，建于长野县
山形村的"小森林之家"。

小森林之家是以住宅的产品化为目标，作为形象代表而建的概念模型。

我考虑先将局部进行产品化，然后再将整体进行产品化。首先对厨房进行产品化，虽然只有厨房，但已经有人询问可以将厨房作为"i-works 厨房"进行销售吗？因此，我就想在这套样板房中进行试制。

产品化存在几个障碍。伴随着量产，降低成本、提高施工性和变更材料等均以与普通工作不同的方式快速地推进。一旦稍有疏忽，可能就会有跟不上节奏的感觉。大型厂家的价值观，无论我们如何抗争都无法改变，正因为如此，才有我们存在的意义。将两种相反的价值观整合，这件事本身很有意义。

将标准小厨房进行产品化 小森林之家

双方项目负责人多番协商，双方的观点进一步接近，试制进展顺利。厨房宽 2100 毫米，进深 700 毫米。背面也有放置餐具的现场制作家具，是最小限度的小型厨房。尝试以"15 坪之家"的厨房为基础进行了简化。

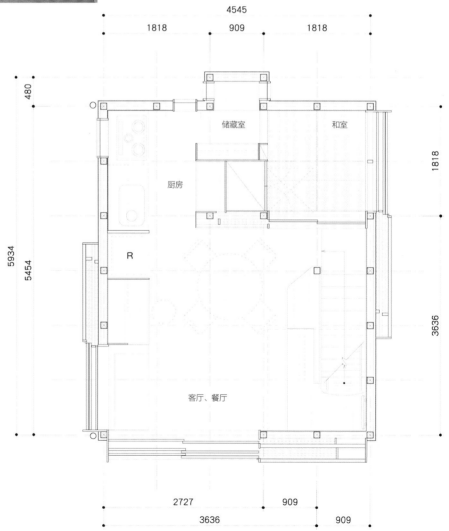

作为"i-works"特征的柚木抓手被保留了下来，门的面板采用的是该厂家的涂装面板。比标准涂装工艺少一道工序的哑光风格就非常好。

试制品完工后，反响较好，但厂家对小型、特殊厨房的出货量持观望态度，交付试制品后停止了生产。

该产品没有大批量订单，于是，按照一直以来的价值观，我自己成为主体，努力进行产品化，这也算是一种收获。

将平日的工作产品化、成品化。我希望想尽各种方法实现它。然后，与其他厂家一起进行产品化。

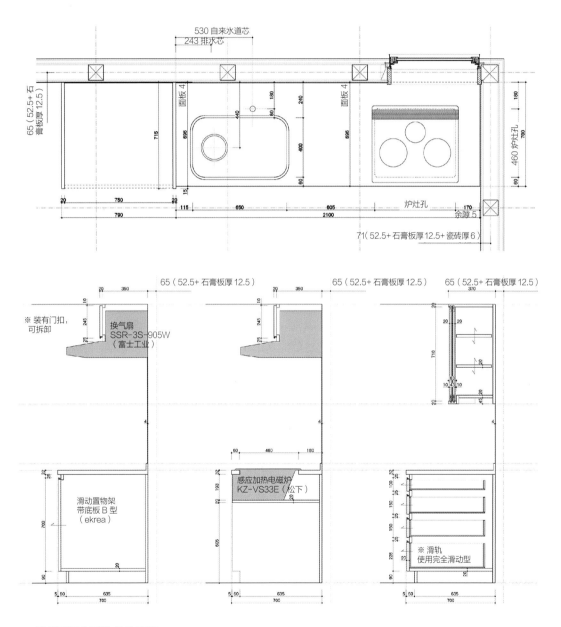

进行产品化时准备的图纸

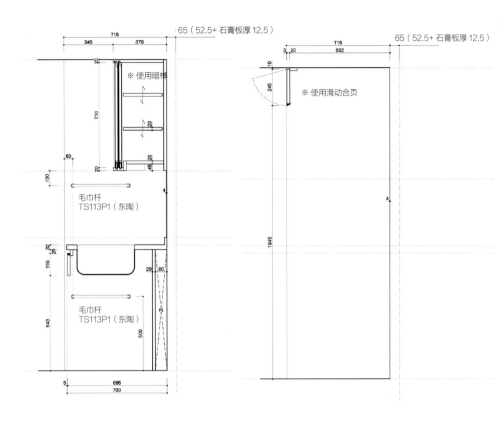

65（52.5+ 石膏板厚 12.5）

※ 使用暗槽

毛巾杆
TS113P1（东陶）

毛巾杆
TS113P1（东陶）

65（52.5+ 石膏板厚 12.5）

※ 使用滑动合页

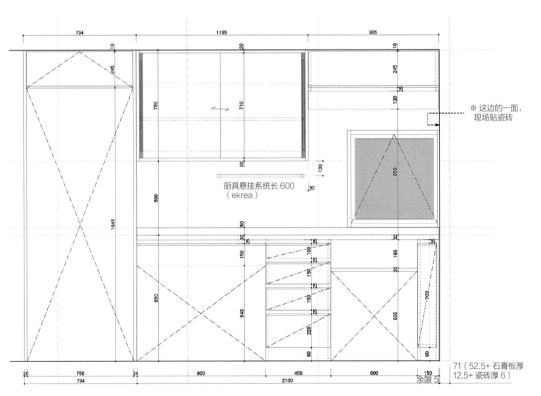

※ 这边的一面，
现场贴瓷砖

厨具悬挂系统长 600
（ekrea）

71（52.5+ 石膏板厚
12.5+ 瓷砖厚 6）

余隙 5

182

厂家根据协商内容按照公司规格制作的部分图纸。它也是现场施工图。五金件和细节变成厂家规格。箱子为现场安装，故需预留安装空间。

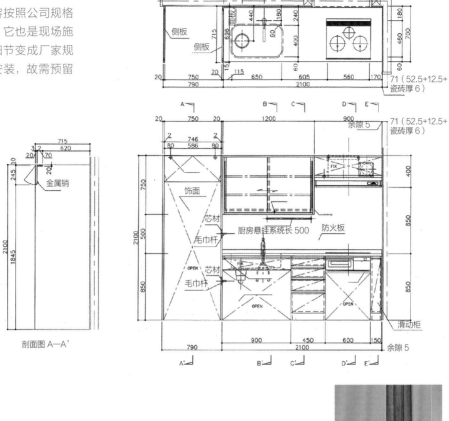

剖面图 A—A'

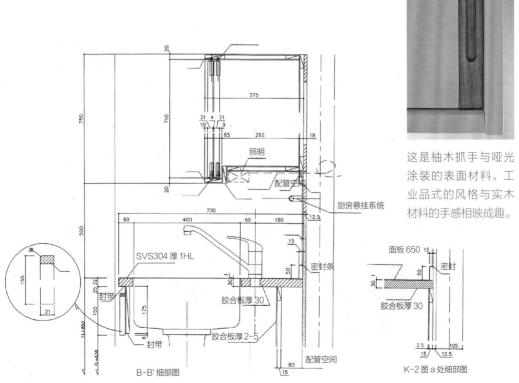

B-B' 细部图

K-2 图 a 处细部图

这是柚木抓手与哑光涂装的表面材料。工业品式的风格与实木材料的手感相映成趣。

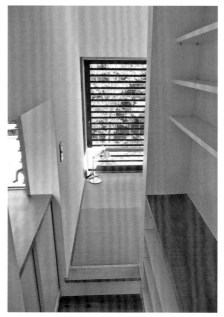

上 为了高效地使用小型厨房，餐具柜必不可少。它位于和室与厨房之间，中间可以通行，可以缓和小型住宅整体动线的紧张感。

右页 进深 700 毫米、宽 2100 毫米的小厨房，同样功能齐全。马赛克瓷砖墙的右侧是餐具柜，可以通行，确保小型住宅的乐趣和动线的便利性。

后院的重点是卫生间

首先，我希望卫生间空间功能齐备而紧凑。功能齐备是指确保洗脸间和浴室功能、意义、意图等的设计。另外，若有必要，我还想研究卫生间的更多用途。若无特别的要求，则无须开发具有挑战性的新型卫生间空间。重要的是需确保"稳健的设计"！

大约 10 年前，我思考过，标准的洗脸间、浴室应该是怎样的呢？例如，作为洗脸间，它的面积应该是 3 平方米左右，有洗脸台、洗衣机放置处，有毛巾、镜子、牙刷、化妆品和电吹风的放置处和收纳处，毛巾架或浴巾架也是必需的。洗衣机的近旁应放置洗涤剂，还需窗户通风等。

在 3 平方米左右的浴室和洗脸间中整合所需的功能，将其联系在一起，使卫生间和浴室融为一体。然后，对问题较多的卫生间和浴室进行标准化配置，以确保设计的质量。虽然这是一种普通的设计方法，但是可以联系起来，使其成为一体，重新进行整合，我认为这些很重要。

例如，将洗脸间与浴室的间隔墙用作药品柜，与浴室出入口门框周围连成一体，使洗脸间与浴室在空间上成为一体。因为将洗脸间设计成看起来像通往浴室的出入口一样，所以墙壁与天花板饰面基本相同（地板饰面与有无防水存在差异）。为了防止水汽外散，通常是将浴室与洗脸间隔开，但尽量设计成看起来两者为一体的样子。

以标准化的卫生间和浴室为基础，根据居住者的需要进行设计；若有要求，也会慎重地挑战新的空间，这就是我目前的心态。

Q.

问：设计卫生间和浴室时需要注意什么呢？

A.

答：首先，我关注实用型设计。虽然卫生间空间的新方案很好，但是，我认为不应忽略设计的基本原则——FUNCTION（功能、意义、意图等），应在设计上下功夫。因此，我以『标准化』的卫生间为基础进行设计。

36

标准化洗脸间和浴室面积均为 3.3 平方米。以此为基础进行扩大或缩小。半整体浴室是标准的，若有要求，也可以做成传统的（普通浴缸，现场制作式）。

半整体浴室若在一楼，则为木制推拉门式（原创半整体式）；若在二楼，则为木制平开门式（使用东陶或骊住的半整体式）；若在二楼要求使用传统式的，则选择东陶的"Raffia"之类的安装型或普通嵌入型浴缸（2016 年与骊住合作开发了半整体浴室，如今在一楼或二楼均可使用。但是，因为是限量销售，只有在特定的工务店才可使用）。另外，若为景色优美之处，可设置较大的开口，将景色导入其中。在市中心，若担心来自外面的视线或出于防盗考虑，可设置两个窗户，进行通风、排湿；而若想在市中心修建开放式浴室，则应准备一个小型的箱式花园（凸窗的庭院）。

也有将小型浴室做成挑空的，不仅具有开放感，而且空气不会阻塞，可以产生气流，虽然是铺板的墙壁和天花板，但也不会发霉。这再次确认了气流的重要性。

即使是混凝土结构的住宅，基本的设计立场也没有改变。在冲绳的"与那原町住宅 2"中，因为是低成本住宅，而且考虑到冲绳的气候，修建了不带浴缸只有淋浴的浴室。混凝土上涂有拒水剂，简单饰面。因为湿气太重，开口处的主要目的是为了通风。标准化卫生间、

A.

Q.

问：在标准化卫生间、浴室设计的基础上，又有怎样的变化呢？在标准化的影响下，设计想法是否会变得枯燥无味呢？

答：我认为，正是因为标准化，所以变化才更丰富。这是有理有据地剖析居住者的要求，做出稳妥提案所需的想法。『标准化』这一想法不会让创造性退化，而是不断地制造课题，让我可以带着自信去迎接下一个挑战。

31

小田原市的住宅。使用原创的半整体浴室。可
使用木制推拉门，与洗脸间相呼应。

浴室虽然样式不会令人眼前一亮，但只需注重细节，就不难让它成为令人心情舒畅的
空间。

　　我认为，令人叹为观止、心旌激荡的空间若没有踏实的施工方法作为保证，日后
就会受到居住者的批判。

　　在标准化基础上可以做哪些延伸呢？设计时我会强烈地意识到这一点。可以说，
标准化这一想法没有让想象力退化，而是制造出一个又一个的课题。重要的是，可以
带着自信去迎接下一个挑战。

左上 幕张本乡之家的二楼浴室为传统型（嵌入普通的浴缸）。因漏水的风险较大，故需在防水工程上下功夫，但仍可以设计出自由度较高的浴室。

右上 叶山町住宅的二楼浴室。在风景优美之处设置了一个大的开口。使用独立式浴缸解决漏水的麻烦。

左下 与那原町住宅2。浴室只有淋浴，在墙壁的混凝土面上涂拒水剂。虽然是低成本的混凝土卫生间和浴室，但同样令人赏心悦目。

右下 与那原町住宅2。厕所与浴室在同一室。

"i-works 2008"。使用卫生间在
二楼时的标准，为东陶半整体浴室。
出入口为木制的平开门。

38

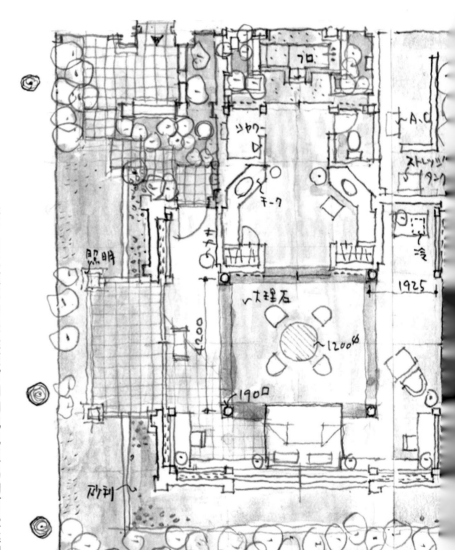

A.

答：日本京都的俵屋旅馆和印尼巴厘岛的阿曼达利酒店的卫生间令我记忆深刻。两者的建筑绝对称不上华丽，但让人感受到了与自然（外部）共处的智慧、技术和敬畏之心。我想进行那样的设计。

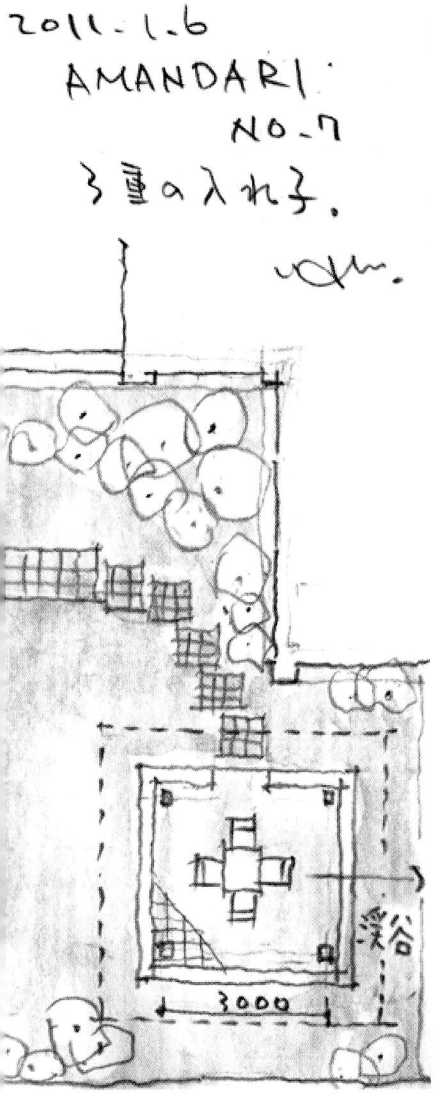

2011.1.6
AMANDARI
NO.7
3重の入れ子.

3000

溪谷

阿曼达利酒店是人们憧憬的酒店，简朴、优质而有品位，可以与日本京都的俵屋旅馆相媲美。

该酒店面朝巴厘岛乌布的阿韵溪谷，与当地的村落共存，酒店内的道路就像村中的小巷。据说阿曼达利酒店不给客人压力、低调随意、含蓄的格调参考了俵屋旅馆。风景与室内空间渐变般连接在一起，酒店清晰的框架结构设计令人心情舒畅。我立即进行了实测（参看左图）。

空间框架呈三重环状，并向外扩散。导入了自然和风景，外部与内部自然地联系在一起，界限模糊，这些令人感到愉悦。其卫生间朴素而优质。卫生间左右对称，柚木实木洗脸台令人倍感亲切。浴缸装在外面，周围有高墙围蔽，顶部全开，浴缸边缘做工精致，令人赏心悦目。内部有淋浴间，天气不好时，可使用淋浴。

将外部导入内部，又将内部释放至外部。从建筑学上来看，这不算华丽，却又让人感受到"被动设计"（导入自然的设计手法）的动人之处，使阿曼达利酒店迥异于乡间的度假村。正是诸如此类的细节构成了酒店的丰富内涵。我认为，利用针对外部积累起来的技术和智慧可以提出真实而丰富的方案。

左上　巴厘岛阿曼达利酒店。洗脸台的左侧为衣帽间。长期旅居时衣帽间尤为重要。

右上　洗脸台有两个，左右对称。台面为柚木实木板。浴缸在外面的正对面。

下　外面的浴缸。被植物环绕，可以一边眺望天空，一边入浴。

这是京都俵屋旅馆的"枫之间"浴室。桧木浴缸配桧木墙壁、天花板，入浴时可以看到庭院。照明比较低、比较暗，感觉似乎只是可以照亮满浴缸的水。日式浴室的特征即在于此。

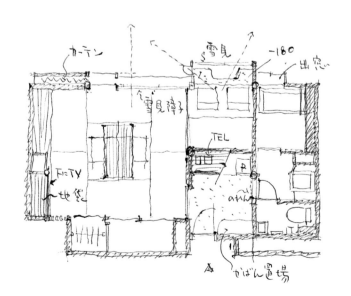

15坪之家

厨房、卫生间等的
垂直设置

这是"15坪之家"的浴室。挑空的浴室给小型住宅带来了开放感。可以从阁楼打开窗户维修换气扇。

2002年我涉足商品住宅领域，为此，除了卫生间（浴室、洗脸间）之外，还尝试对楼梯、厕所、玄关等住宅核心部分进行整个空间的标准化。

卫生间、楼梯和玄关的面积均为3.3平方米。因为尝试过小型住宅的标准化，本来卫生间也设计得很紧凑。但是，对于极小的住宅（笑），这样是行不通的。可能的话，最好将浴室与洗脸间分开设置。当然，若有必要，也可以将浴室和洗脸间融为一体。"15坪之家"占地面积为25平方米，总建筑面积为50平方米，是4口之家居住的小型住宅。

毫不夸张地说，这是4口之家可以居住的最小住宅，我希望在如此小的面积中，可以满足普通的生活需求（并非其他人无法居住的住宅），并且作为建筑师还想进行新的尝试。

我想设计出在建筑与家具融合的空间中，到处都有具备各种功能的驻足处，且更加舒适的住宅。

以几厘米为单位研究平面尺寸，确定卫生间与厨房的间隔位置。

在小型住宅中，几厘米都是有用的。墙壁用3厘米厚的椴木贴面细木工板进行间隔，通风层木搁条2厘米厚、饰面的花柏1.5厘米厚，合计6.5厘米，厚度控制得稍薄，让卫生间尽量宽敞一些。

在小型住宅的设计中需注意的是，如果到处都设计得很紧凑，那么就可能给居住者带来紧张感。应绞尽脑汁，不要让它变成一幢普通的小型住宅。它应该让人感觉到有进深，导入外部的景色，并且具有挑空的空间。在"15坪之家"的浴室中，设有与阁楼相连的挑空。虽然在不足5平方米的空间中设置了浴缸、洗脸器、洗衣机和更衣处，但因为挑空的存在，甚至可以感受到开放感。空气量大，除天窗之外，还有两个窗户，确保空气的流通。因此，尽管没有进行特别处理，但空气流通可以有效地防止墙壁与天花板花柏材料的发霉。

这幢位于商业密集区、被邻居包围的小型住宅让人感到精神放松，成为一处稍显特别的居所。

在27平方米的占地面积中，客厅餐厅加楼梯约占16平方米。

厨房局部凸出，挤占了部分客厅餐厅的空间，客厅餐厅中有书桌、现场制作的沙发、一张进深小的桌子和电视柜，并且地面垫高成长椅，还有通往阁楼的梯子，建筑与家具就这样融合在一起，各处建有多功能驻足处。

卫生间比客厅高出210毫米，
确保防水和留出配管空间。

窗框：TOSEM 双层百叶窗
（带网型双层玻璃）
宽365，高700

窗框：TOSEM 双层百
（带网型双层玻璃）
宽600，高700

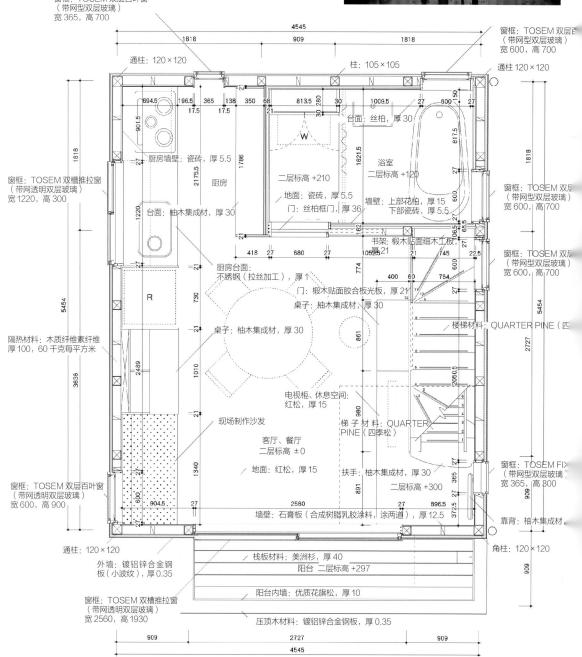

通柱：120×120

柱：105×105

通柱 120×120

4545

1818   909   1818

694.5   196.5   365   138   350   68   813.5   280   30   1009.5   27   600   150   27

17.5   17.5   30   21   30   21   27   27

901.5   21

台面：丝柏，厚 30

厨房墙壁：瓷砖，厚 5.5   817.5

1818   厨房

2175.5   W   1786   1621.5   浴室
二层标高 +120   600

二层标高 +210

地面：瓷砖，厚 5.5
门：丝柏框门，厚 36   墙壁：上部花柏，厚 15
下部瓷砖，厚 5.5   1818

窗框：TOSEM 双层
（带网型双层玻璃）
宽600，高700

窗框：TOSEM 双槽推拉窗
（带网透明双层玻璃）
宽1220，高300

台面：柚木集成材，厚 30

1220   书架：椴木贴面细木工板，
厚 21   106.5   65.5

418   27   680   27   774   21   27   745   22.5

厨房台面：
不锈钢（拉丝加工），厚 1   105   21   21   窗框：TOSEM 双
（带网型双层玻璃）
宽600，高700

5454   R   门：椴木贴面胶合板光板，厚 21   400   60   754   27
桌子：柚木集成材，厚 30   861   27

730   楼梯材料   QUARTER PINE（四

隔热材料：木质纤维素纤维
厚 100，60 千克每平方米   2489   桌子：柚木集成材，厚 30   1010   2050.5   5454   2727

现场制作沙发   电视柜、休息空间：
红松，厚 15   980

梯 子材料：QUARTER
PINE（四季松）

客厅、餐厅
二层标高 ±0   1340   扶手：柚木集成材，厚 30

3636   地面：红松，厚 15   二层标高 +300

891   靠背：柚木集成材

窗框：TOSEM 双层百叶窗
（带网透明双层玻璃）
宽600，高900   600   904.5   27   2560   27   896.5   22.5
墙壁：石膏板（合成树脂乳胶涂料，涂两道），厚 12.5

通柱：120×120   角柱：120×120

外墙：镀铝锌合金钢
板（小波纹），厚 0.35   栈板材料：美洲杉，厚 40   909
阳台 二层标高 +297

窗框：TOSEM 双槽推拉窗
（带网透明双层玻璃）
宽2560，高1930   阳台内墙：优质花旗松，厚 10

压顶木材料：镀铝锌合金钢板，厚 0.35

909   2727   909
4545

浴缸为东陶的"Raffia"。因为它的防水工程做得比较扎实，所以在二楼设置浴室时经常使用。它还可以重新加热，很方便。

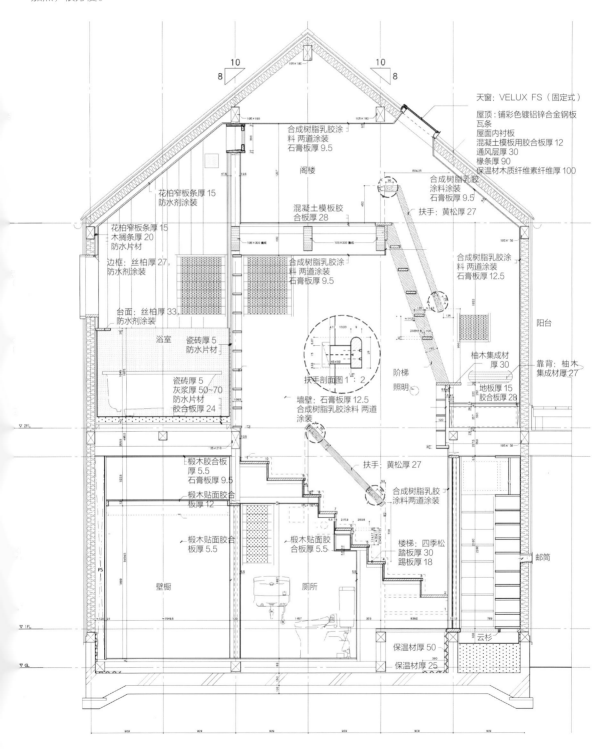

天窗：VELUX FS（固定式）

屋顶：铺彩色镀铝锌合金钢板
瓦条
屋面内衬板
混凝土模板用胶合板厚12
通风层厚30
椽条厚90
保温材木质纤维素纤维厚100

合成树脂乳胶涂料 两道涂装
石膏板厚9.5

阁楼

合成树脂乳胶涂料涂装
石膏板厚9.5

扶手：黄松厚27

花柏窄板条厚15
防水剂涂装

混凝土模板胶合板厚28

花柏窄板条厚15
木摘条厚20
防水片材

合成树脂乳胶涂料 两道涂装
石膏板厚9.5

合成树脂乳胶涂料 两道涂装
石膏板厚12.5

边框：丝柏厚27，防水剂涂装

阳台

台面：丝柏厚33，防水剂涂装

柚木集成材厚30

靠背：柚木集成材厚27

浴室
瓷砖厚5
防水片材

扶手剖面图1：2

阶梯照明

地板厚15
胶合板厚28

瓷砖厚5
灰浆厚50~70
防水片材
胶合板厚24

墙壁：石膏板厚12.5
合成树脂乳胶涂料 两道涂装

椴木胶合板厚5.5
石膏板厚9.5

扶手：黄松厚27

椴木贴面胶合板厚12

合成树脂乳胶涂料两道涂装

椴木贴面胶合板厚5.5

椴木贴面胶合板厚5.5

楼梯：四季松
踏板厚30
踢板厚18

壁橱

厕所

邮筒

云杉

保温材厚50

保温材厚25

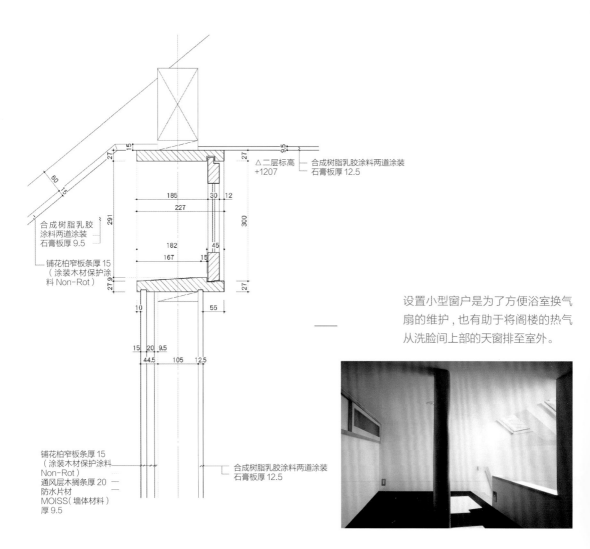

△二层标高
+1207

合成树脂乳胶涂料两道涂装
石膏板厚 12.5

合成树脂乳胶
涂料两道涂装
石膏板厚 9.5

铺花柏窄板条厚 15
（涂装木材保护涂
料 Non-Rot）

铺花柏窄板条厚 15
（涂装木材保护涂料
Non-Rot）
通风层木搁条厚 20
防水片材
MOISS（墙体材料）
厚 9.5

合成树脂乳胶涂料两道涂装
石膏板厚 12.5

设置小型窗户是为了方便浴室换气扇的维护，也有助于将阁楼的热气从洗脸间上部的天窗排至室外。

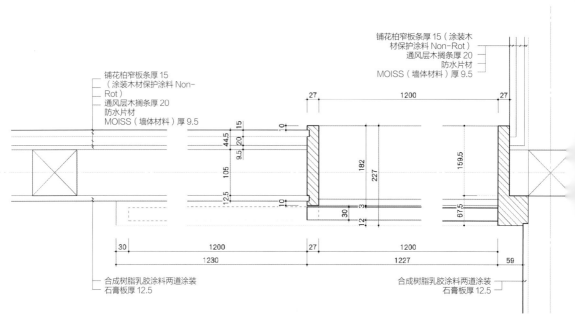

铺花柏窄板条厚 15（涂装木
材保护涂料 Non-Rot）
通风层木搁条厚 20
防水片材
MOISS（墙体材料）厚 9.5

铺花柏窄板条厚 15
（涂装木材保护涂料 Non-
Rot）
通风层木搁条厚 20
防水片材
MOISS（墙体材料）厚 9.5

合成树脂乳胶涂料两道涂装
石膏板厚 12.5

合成树脂乳胶涂料两道涂装
石膏板厚 12.5

挑空浴室舒适而有开放感，使人不
由得想抬头望天花板。

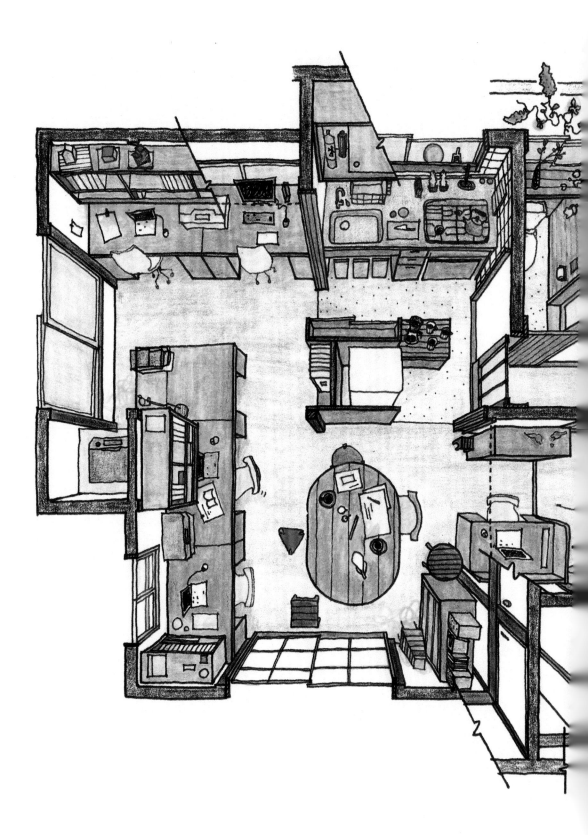

39

Q. 问：伊礼智设计室不像是设计事务所的办公室，更像是住宅。对设计事务所而言，工作场所应该是什么样的呢？

A. 答：我认为工作场所与设计风格有关。我希望客户光临伊礼智设计室时，工作场所能够自动向客户传达我们的风格和价值观。

1996 年我从原来的事务所独立出来，有半年左右在自家工作，但那样不方便招待客户到家里商谈，很快就意识到了在家办公的局限。

刚好在那个时候，从建筑师石田信男先生那里收到一份报价，说有一间空房，问我是否要租。于是，我租下了位于目白町的石田先生事务所的屋顶，属于违法建筑的楼顶房屋（笑），将它稍加装修后用作事务所。虽然改动很小，但毕竟拥有了属于自己的小型设计事务所，那种兴奋至今仍无法忘怀。那间房间很舒适，每天都可以欣赏到天空的变化和夕阳。

后来，因故不得不搬离这个房间。房产中介联系我说：“附近空出了一幢独立住宅，你想要吗？”于是，我立即前往看房子。

虽然地板上留下了岁月的痕迹，但整体状况还不错。茶色柱子与横木板条线、古董玻璃加柳安的门窗、双扇推拉式小型玻璃门，一切都可爱极了。另外，房东家的住宅还带有庭院（借景）。我立即开始了平面设计。

我认为，即使是办公室也不应在天花板上装满荧光灯，而应该在住宅那样的空间中办公，因此，我想在这里实现这一点。

跟我平时的设计一样，天花板上几乎没有装任何照明灯，利用橱柜下的灯具进行照明，营造出像住宅那样宁静的空间。另外，还修建了一个小型厨房，空闲时可以在事务所做午饭，大家一起吃。“工作是一种生活”，做饭一起吃是生活的最佳诠释，它有助于培养团队合作精神。为了尽量保留住宅中原有的可爱之处，改装的部分使用素木，与原来的茶色材料区别开来。

特意没有使用相同颜色的材料，直接混色进行装配，这样就产生了新与旧的鲜明对比。

此外，取消天花板边框，让墙壁与天花板连成一体，以突出横木板条高度的水平线。实际的天花板虽然比较高，但因突出了横木板条线，重心下降，营造出了稳重的空间。

这幢住宅建于昭和中期（1946—1972），可以说是"古老而全新的事务所"，它散发着浓浓的昭和气息，如今成了我的工作场所。

我深深感到，在如此陈旧的事务所中接待客户，让客户接触这古色古香的氛围，已经成为演示的一部分。冬冷夏热，虽然难言舒适（笑），但我认为它是一个有趣的工作场所。

上 改造前事务所的员工正在进行预先检查。大家似乎都很喜欢这幢可爱又古老的平房。

下 事务所可以借房东家庭院的景，充满昭和时期的气息。

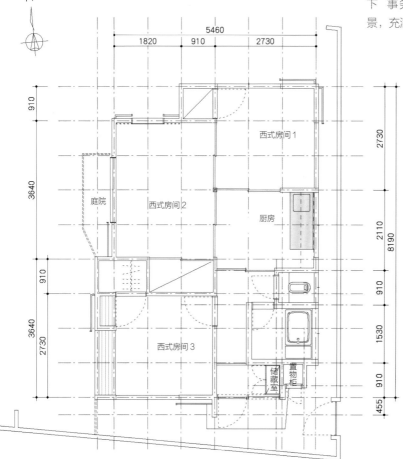

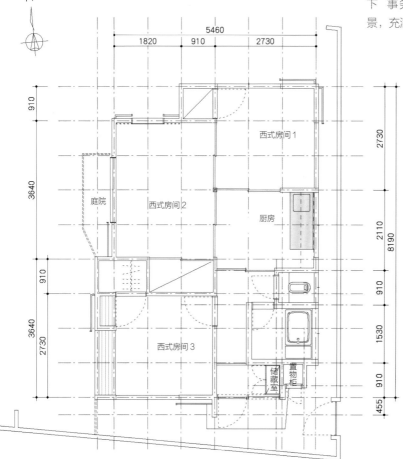

短评

加勒杰特威灯塔酒店面朝印度洋而建。从前台登上象征斯里兰卡战斗历史的台阶（设计：拉奇·塞纳那亚克），就来到可以眺望印度洋的主楼层。那一望无际的水平线和拍击岩石的惊涛骇浪令人对大自然顿生敬畏之心。

我订的房间是留有巴瓦原创设计的"豪华房间"（感觉与名称不符，像是标准间）。这是一间与大海仅隔一个中庭的房间。房间很宽敞，从床边通往卫生间的动线、嵌入阳台的书桌和内开的绿松石蓝遮光窗令人印象深刻，我立即进行了实测！

房间的内侧宽度为 5030 毫米。我再次确认，有这么大的尺寸，就可以宽松地放置家具，让人心情舒畅。这让我不由得反省起自己平日只知道压缩、削减的设计（笑）。卫生间与床的关系也处理得很到位。

柔和的绿门独具特色。从床边可以通往卫生间，两者的关系处理得很好。

（斯里兰卡）

加勒杰特威灯塔酒店

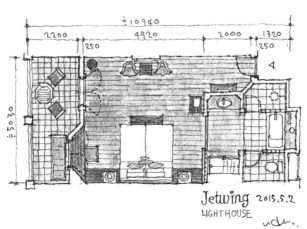

Jetwing 2013.5.2
LIGHTHOUSE

建筑物信息

加勒杰特威灯塔酒店

所在地：斯里兰卡加勒

设计：杰弗里·巴瓦

竣工：1997 年

第

6

章

委
托
人
的

住
宅
需
求

Irei Satoshi's
House Design
RULE

Q/A

40-44

————————

CASE

23-33

思考功能各异的驻足处

这是"京都沙龙"的二层客厅。开口处旁边设置有沙发床，它可以用作沙发，也可以用作午休床，还可以用作欣赏景色和读书的驻足处，功能多样。面积约 3 平方米的和室与餐厅连成一体，形成宽敞的空间。

问：你认为客厅应该是怎样的呢？对于『制造驻足处』，你是怎样设计的呢？

答：客厅不就是什么都可以做、谁都可以逗留的场所吗？它是家人消磨时间之处，是相互之间可以感受到对方的存在但又互不干扰的驻足处，不应是凭空想象出来的，而应该把自己的亲身体验再现出来。

40

仔细想来，客厅真是一个不可思议的场所。它并没有像厨房或浴室那样规定具体的功能，可以说，它是一种难以设计的房间。客厅是用来干什么的呢？看电视、家人一起聊天，或者招待客人。我脑海中浮现出这几种用途。但是即使没有客厅，住宅也是可以成立的。我认为，没有客厅的住宅，让它简单一点就可以了。在餐厅一边吃饭，一边看电视，还以电视为题展开讨论，我想这样的家庭也是比较多的。

小时候，我家在一间小和室中吃饭，也看电视，周围的人们到我家和室长坐，甚至有人在这里午休，我在炕桌上做作业。这是家人逗留之处，也是周围的人们聚集之所，同时还是接待客人的地方，而这一切都发生在面积仅有不足 6.5 平方米的空间中。

什么都可以做的场所、谁都可以逗留的场所不就可以称为"客厅"吗？那么，包括厨房和餐厅在内都可以视为客厅。客厅应该是有多个驻足处的舒适场所。既然这样，那就可以自由地进行设计。大多数居住者会被摆放着进口沙发的客厅形象（那大致都是在杂志的广告中所看到的照片）所吸引，大都对客厅提不出具体的要求。几乎都停留在"客厅的面积多大"这种层面。

客厅是家人长时间逗留之处，不宽敞也没关系。但我认为如果可能的话，客厅中应该到处点缀着驻足处，使家人在客厅中可以感受到家人的存在，同时又不会互相干扰。

我的成长环境及之后的经验对我的住宅设计影响较大，形成了我的价值观。虽然我是在一幢很小的住宅中与 4 位兄弟一起长大的，但并没有受到负面影响，我相信在今后的工作中可以加以活用。只需对此前的经验进行总结，即可提出布置快乐客厅和设置驻足处的方案。但重要的是自己认为它令人心情愉悦。提出的驻足处方案不应是凭空想象的，而应是自己亲身体验过的。我认为有很多驻足处的处所即是客厅。

从外观看像是平房。凭借可全开的木制门窗，与露台的连接几乎没有高度差。"我认为，为了尽量长久地生活下去，住宅的设计是很重要的。"

23
案例

小金井市之家

为老年夫妻设计的客厅

这是为一对老年夫妻设计的无障碍住宅，基本生活需求可以在一楼解决。中央设置楼梯，在楼梯的周围设置动线，不设走廊。于是形成了这样的设计组合：厨房里侧是卫生间，从卧室可以直接去厕所，卧室旁边为主人设置了一间小型书房，将所有的生活设施布置于楼梯周围的动线旁边。

因为这是主张可在伸手可及的范围内生活的"最后的住处"，所以，厨房设置于客厅之中。厨房墙壁的饰面与客厅的同为硅藻土，厨房炉灶前的墙壁上没有使用墙角护条，但贴有同色的瓷砖，以防弄脏，抽油烟机也是墙壁排气，厨房与客厅成为一体。我在细节上下功夫，研究动线，在确保紧凑的同时，让空间显得舒展，使整体和缓地连接成客厅（居所）。

无障碍不仅指没有高度差，还指距离控制得最短（距离无障碍）、热量无障碍等，还有很多方面需要下功夫。这是我成立自己的设计事务所之前负责的工作，设计时我经常忆起客户所说的话，"虽然是老年人的住宅，但还是请设计得时尚一点"。的确，在生活中时刻怀有一颗年轻的心尤为重要。

创造驻足处的动线与家具

高冈市之家

一对老年夫妻，孩子已经长大成人，想建一个“最后的住处”，我以此为主题进行了设计。这是某工务店社长的私人住宅，也是一幢样板房。

我的设计方案虽然比较紧凑，但可以让两位老人愉快地度过充满活力的后半生。

按照平面设计图，生活需求可以在一楼解决，围绕中央的楼梯转一圈，即可以最短距离到达各房间。如果穿过楼梯下的书房，则更加快捷。

家具由家具设计师富山大学教授（现为名誉教授）丸谷芳正先生负责设计，平时只有两个人居住，所以只准备了所需最小限度的家具，必要时家具可以增加、扩展。

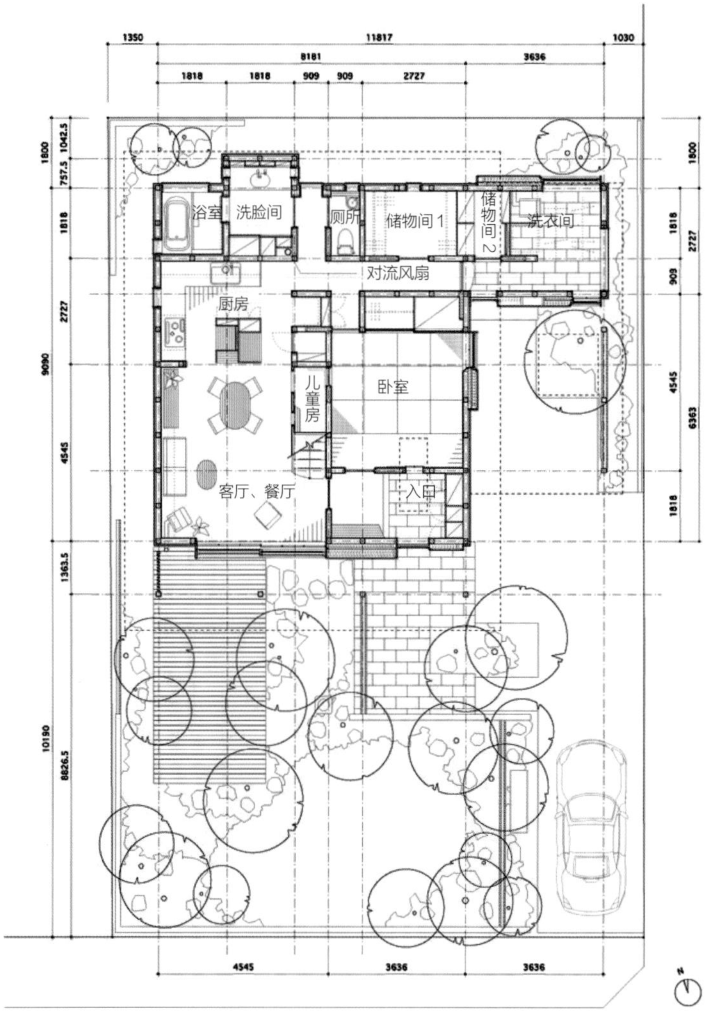

24

案例

楼层标准采用的是吉村顺三先生的别墅标准，餐桌通常是小圆桌，但这里根据需要使用了椭圆形餐桌。在此，开口处、厨房和浴室均由工人用细木工材料手工精心制作；客厅的天花板做成木质弧形，没有使用大梁；营造柔和的独立空间，提示驻足处的存在。

上　通过精心设计，利用轴流风扇由挑空的上部回收炉灶的热量，送往地板下层空间，多少可以缓解一下地板下层空间的寒冷。作为"最后的住处"，热量无障碍也很重要。

下　厨房也导入了可环绕动线，目标在于建造行动方便的住宅。位于中央的定制收纳柜，四面均可使用。

客厅正对着风景

叶山町之家

25
案例

　　这幢住宅是供一对夫妻及其爱犬一起生活的。建筑用地的东边有广阔的秀美景观。高出地基约1米的道路像过桥一样穿过木质露台，越往住宅里面走，地面高度越低，直至客厅。从客厅可以欣赏到神奈川县叶山町独特的风景。这是我的设计方案。

　　沙发就摆放在作为外部与内部边界的开口处旁，开口处的外面就是广阔的景色，比地面高出30毫米的露台可用作长椅，露台也成为驻足处之一。沙发的正面是电视机，沙发旁的楼梯下面布置着爱犬的住处、书桌和炭火炉。这些物品的布置没有影响外部景色的导入。从剖面来看，炉灶上面有一个小型的挑空，从卧室可以通过这里看到沙发。

上 图片左边里面为"居住者的入口",右边的开口为"宠物的入口"。餐桌的右侧有小型书桌,餐桌前面的栅栏部分就是犬舍。

下 餐厅旁摆放着炭火炉,炉灶的热气通过上部的挑空被引至卧室。

　　站在厨房中也可以看到景色。这块土地的最大恩赐就是景色。我认为,面对景色生活是这幢住宅的主题。

　　通常住宅的中心是客厅。但在这幢住宅中,中心是将客厅的窗框全开而连接起来的露台空间。该露台位于这幢住宅的东北部,中午过后就没有了太阳的照射。夏季,在阴凉的露台上可以欣赏夕阳西下的风景。露台的下面是悬崖,凉风吹起,直通客厅,穿过"居住者的入口"与"宠物的入口"。夏日的午后在这样的露台上畅饮啤酒该是何等的享受呢?在住宅交付前,我特地尝试过。在室外露台喝啤酒的感觉很特别。当然,我与住宅的主人一起分享了啤酒的美味。设计,也许就是此类经验的不断积累吧。

一个小小的驻足处
在各处动线的尽头设置

这是一幢一层带有音乐室的单人住宅。可以说，在这幢住宅中欣赏爵士乐的一层音乐室取代了普通住宅中的客厅。二层有较大的厨房，在此业主可以眺望自己喜欢的电车，还可以展示自己拿手的厨艺。

客厅的组成要素包括对面式厨房与圆形的餐桌、里面藏有太阳能系统的管道和热风输送目的地切换阀的定制家具、沙发以及不足5平方米的和室（内有佛龛）。圆桌周围的动线与厨房的环绕动线，以及定制家具周围的动线交织在一起，简单的平面也可以制造出复杂的动线。

26
案例

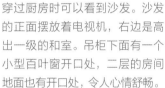

穿过厨房时可以看到沙发。沙发的正面摆放着电视机，右边是高出一级的和室。吊柜下面有一个小型百叶窗开口处，二层的房间地面也有开口处，令人心情舒畅。

　　我经常将沙发摆放在主开口处，背靠腰窗。曾经参观过吉村顺三先生设计的轻井泽町的别墅，那里的沙发就是背靠开口处。如同身处室外（这里是森林中）般，这里感觉像仅带有欧式遮阳棚的开放式露台。

　　这一设计源于我曾经在像室外般的室内看电视的愉快经历。不过，由于开口处的温度变化大，我也特别设置了门窗的结构。为确保舒适，可对来自室外的光与风、热与声音等进行控制。

　　我认为，有一定变化的处所通常令人心情愉悦。

　　沙发背后的庭院中种植着高大的光蜡树。尽管在二层，仍使用了落地窗（带护栏），如此大的开口处没有阳台，开放感更加强烈。带纱门的百叶门还上了锁，安全措施更进一步。

从长冈市前川东住宅的客厅看沙发床角落。配置了书桌，地面铺有赤土陶砖。天气好的时候一打开窗户，感觉就像在带屋顶的户外一样。

我想，现在决定住宅设计价值的仍然是"几室一厅"这种概念。住宅的规划与价值被"三室一厅""两室一厅"之类的说法束缚，而且这种说法还作为房地产的价值大行其道。尽管建筑师对此是反对的，他们也知道住宅的价值不是由"几室一厅"决定的，但仍容易被这一概念裹挟。

此外，一旦出现了超越"几室一厅"概念的全新设计，人们反而会困惑不知如何加以利用。我不以提出全新形式的设计方案为目的，而是希望建造出经过反复推敲、精心设计的住宅，希望开展综合质量高、不被潮流所左右的工作。因此，我设计的住宅，如果只看平面设计图，似乎就是可称为"几室一厅"的简单住宅，

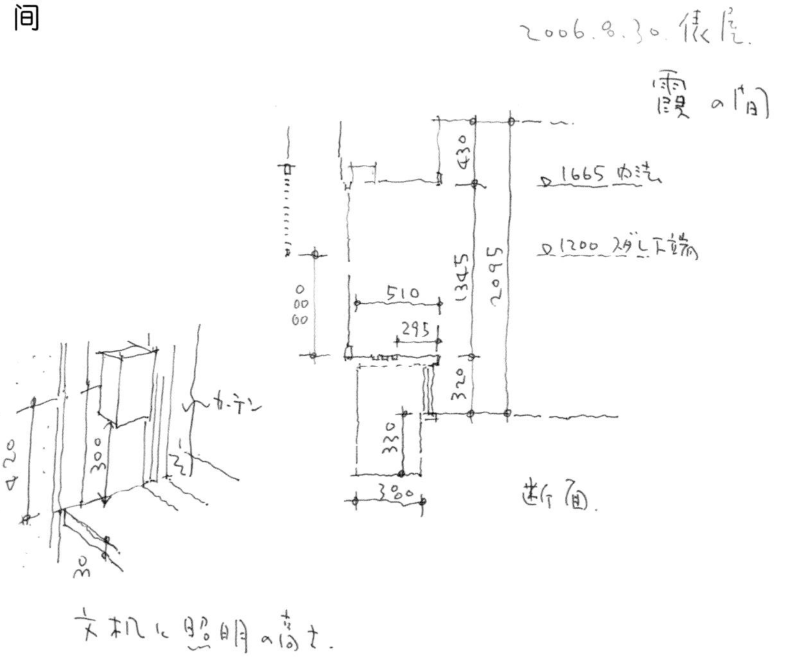

A.

答：我想在各处建造不落入『几室一厅』这种俗套的小型空间和驻足处。也许是想再现自己曾经体验过、令人心情愉悦的小型驻足处吧。

Q.

问：我感觉与『小型驻足处』相似的小型空间是具有伊礼风格的设计。你设计小型空间是出于何种考虑呢？

41

"霞之间"剖面示意图

但看过实物者都会评价说，"看似普通实际不普通"（笑）。当然，这像是褒奖之词。我认为这是对我设计态度的正确评价（笑）。

具体原因是什么呢？让我自己来说那是相当困难的，在此我决定不说了。但是，如果只让我说出一个"看似普通实际不普通"的原因，我想应该是在各处都有不落入"几室一厅"俗套的小型空间和驻足处，如用途不太明确的空间、比常规小而可爱的空间、外部与内部边界模糊的处所等。人们认为"看似普通实际不普通"不正是被这种不可思议之处所吸引，觉得它舒适吗？

我不否认大多数民众住起来舒适、容易接受的住宅形式——"几室一厅"的概念。但是，若能以此为共同语言，与大家分享一下稍想摆脱"几室一厅"这种价值观的心情，那就太好了。

我想，若只是将"客厅"这一名称更换成其他说法，住宅的质量不会发生变化。只是通过命名即让人们以为提出了新居住方案，这种手段是没有意义的。

我也许只是想再现自己体验过的舒适小型驻足处，且我认为这是"造物"的根本。

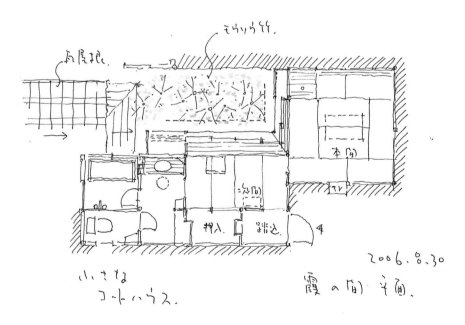

"霞之间"平面示意图

在小面积住宅之中还有小型和室

AZUKI HOUSE

案例 27

我在京都俵屋旅馆体验过用作附房的 2 叠榻榻米室（约 3.24 平方米）。坐在椅子上，把腿伸至地面下沉的小型凸窗，欣赏庭园风景、品茶，甚至还备有午睡垫，可以午休。从那儿以后，我就被小型和室的魅力所吸引。

AZUKI HOUSE 二层卧室旁设置了一间小型和室。和室比二层地面高出一级，进一步控制了天花板的高度。在小型空间中控制空间的量感至关重要。另外，开口处也比较小，像茶室那样装上了透光纸拉门。

楼梯旁边的开口处是为了方便开关楼梯的窗户，但也可以通过它了解一楼的情形。

我想应该不少人都有儿时钻进壁橱中玩儿的记忆。每当看到宫崎骏的动画《龙猫》中乘坐龙猫公交车的画面，我就会想起钻进被窝时，全身包裹在软绵绵被子中的舒服感觉。

住宅中的小书房（1.62平方米）是我为住宅的男主人提出的方案。在住宅设计过程中一直在努力为女主人和孩子们设计驻足处，而书房则是为男主人准备的私人空间。它可以从通往阁楼的楼梯平台利用垂直梯子进出，有一个小窗户通过挑空与二层相连，是一个舒适的驻足处。住宅交付的当天，女主人说男主人对书房很满意（大笑）。

28

——
案例

从楼梯平台进出的小书房

9坪之家 length

29

——
案例

建筑面积9坪之中的2叠和室

AYASAYA HOUSE

我试着在客厅与餐厅之间设置了一间2叠和室（约3.24平方米）。和室与餐厅由两面可用的家具隔开，从客厅所设的像茶室小门般的孔洞出入。

家具上带有小洞，从厨房也可以看到和室的情形。

播磨之杜的庭座

降低地面高度、欣赏庭园的3叠和室

京都俵屋旅馆有一间用一块玻璃与庭院隔开、地面与中庭标高相同的房间。它被称为"庭座"，虽然身处室内，但会让人产生身处庭院之中的错觉。

我尝试将它做成了榻榻米室。榻榻米室通常地面会稍高，但这里不仅没有增高，反而降低了地面高度，我觉得这一点很有趣。

15坪之家

设置在房间之间的矮书桌

在学习空间设置的学习角（矮书桌）可以稍微缓解一下容易变得散漫的学习生活。关上橱柜，制造可环绕动线，设置于儿童房与主卧之间。

像『龙猫公交车』一样的儿童游乐场

AYASAYA HOUSE

32

案 例

　　AYASAYA HOUSE 是占地面积不足 30 平方米的木质三层建筑，就像是垂直的生活空间一样。另外，该住宅按照北侧斜线进行了切削，房屋高度不够，屋顶斜尖。我希望自己提议的这个面积不足 2 平方米的游乐场能够让 AYAKA 与 SAYAKA 姐妹俩悠闲而快乐地玩耍。

　　通过一个小小的入口，就来到了以沙发垫为地板材料的柔软空间。天花板是挑空的，斜屋顶与楼梯间相连。

　　待在这样的空间中看绘本应该是一件很开心的事情吧。长大后在这里午休也很惬意（笑）。

可以看见松树林的住宅。这是设置于二层卧室一角的沙发床。小型阳台的前面可以看到松树林。

"i-works 15 坪之家"。真想朝着广阔的风景伸展双腿睡个午觉。

窗边的沙发床角

既非客厅也非餐厅——

小森林之家，可以看见松林的住宅

我认为开口处的周围存在乐趣。模糊的空间可以带来舒适的驻足处。因此，可能的话，应采用木制窗框，设计成全开放式，在窗边摆放一张沙发床，然后懒散而随性地躺在上面，看看自己喜欢的书，或喝喝啤酒（笑）。

即使是榻榻米室，只需抬高一级，摆上沙发，即可变身为特别的驻足处。

思考住宅的外形

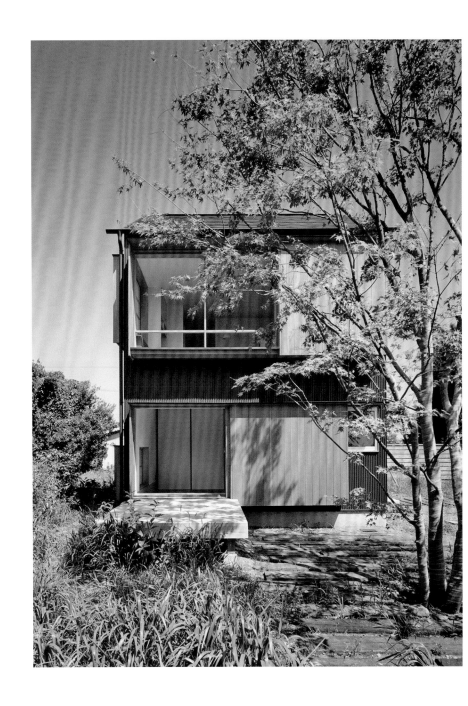

外表比内部重要？反正我有点不喜欢外观这个词（笑）。我觉得越是想方设法让住宅外观显眼一些、漂亮一些，越会牺牲内部空间。或者采用与住宅内部无关的住宅外部形状和颜色，这是不应该的。我认为这不是设计。

在住宅外观设计中，经常会看到图形处理、装修实例。我觉得那些深信此类操作是设计的人们才在意外观。

吉村顺三先生说过："内部比外表重要，内部自然流露至外部的即是外观。"我认为这才是诚实的设计方法。

"外观"这一概念也许已经是一个古老的价值标准。外部与内部必须联动。在这一点上，吉村先生所言极是。不过，外部与内部联动，最终两者均能完美呈现是相当困难的，几乎是无法实现的。因此，需来回多次对外表和内部进行整理（笑）。

在独自设立事务所之前，我在丸谷博男先生手下工作了 10 年时间，先生的教导我至今记忆犹新。"平面图就是平面图，应该把它画得最好。立面图就是立面图，按照自己的设想把开口的位置画出来即可。不合情理也没关系，边研究边摸索，最终会找到正确的方向。"

现在我仍时常想起丸谷先生的这番话。

A.

答：我当然也相当在意住宅的外观，也会花时间进行处理。但我在意的不仅仅是住宅的外表。外观设计也是设计的一部分。只有平面图、剖面图和立面图三者齐备，才能形成一个空间。

Q.

问：听你说过不会把住宅设计得很显眼，是指不在意住宅的外观吗？我认为外观也很重要。你是怎样处理的呢？

42

并不是说外观（外部视角）不重要，我只想做到无论从哪个视角来看都心情愉悦、没有厌恶之情。为此应该继续努力研究下去，这是丸谷先生的教导。

实际上，在探讨外观时，除了开口处位置和大小的调整之外，还需留意机器设备的位置和剖面（高度）。它不是表面性质的操作，比例调节的意味很强烈。此时的目标应该是"没有令人不快的外观""创造感觉好的空间"。消除营造者的不快和居住者的不快。我认为这不是外观的操作，而是外形的操作。对我而言，在意外观等于重新思考设计，也是在意外形、在意与周边的关系。这意味着直面建筑这一难题，我会因自己设计能力的不足和对项目负责人的焦虑而感到沮丧（笑）。沮丧之后，还会继续努力。

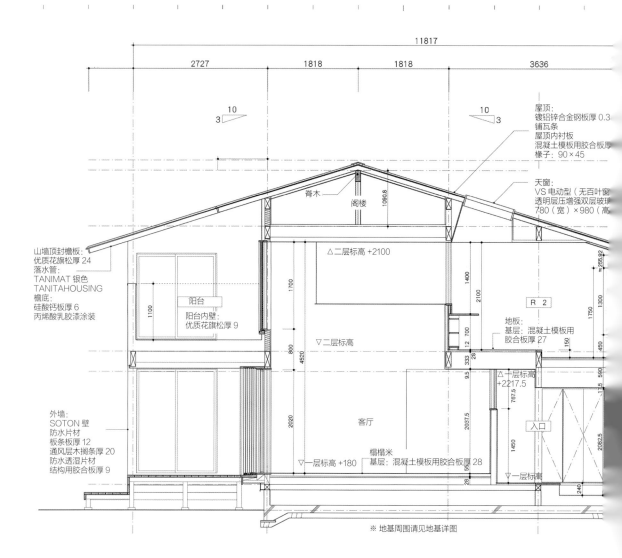

※ 地基周围请见地基详图

43

A.　　　Q.

问：外墙的后加工选择哪些材料呢？理由是什么？

答：我经常使用的有白洲产品、镀铝锌合金钢板、杉木等板材，基本上是这三种。选择那些耐用性好、维护方便、随时都可以购买到的材料。

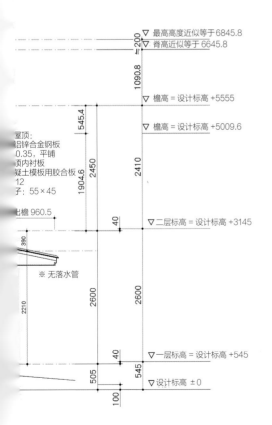

出檐 960.5

▽ 最高高度近似等于6845.8
≒200
▽ 脊高近似等于6645.8
1090.8
▽ 檐高 = 设计标高 +5555
545.4
▽ 檐高 = 设计标高 +5009.6
2450
2410
1904.6
屋顶：
铝锌合金钢板
0.35，平铺
顶内衬板
凝土模板用胶合板
12
子：55×45
出檐 960.5
40
▽ 二层标高 = 设计标高 +3145
390
※ 无落水管
2600
2600
2210
40
▽ 一层标高 = 设计标高 +545
505
545
▽ 设计标高 ±0
100

外墙取决于预算、耐用性、屋顶的形状（与耐用性有关）、居住者的喜好。对所用的材料进行了限定，它们应该是自然材料，为长销、耐用性好、维护方便的材料。我也参与开发、生产好产品（其实是自己想使用的产品）的活动。

我参加过高千穗白洲的SOTON壁（100%自然材料的白洲产品）的开发，以此为契机，只要预算允许，我就会使用SOTON壁。厂家把我经常使用的商品编号称为"伊礼色"，"SOTON壁"也就成了我设计的代名词。

以前只进行"搔痕"饰面处理，最近，在屋檐没有伸出时，选择苯乙烯饰面。进行"搔痕"处理时，材料容易噼里啪啦地掉下来，所以为了保障耐用性，才选择苯乙烯饰面。使用SOTON壁后，会产生令人怀念的外形。这是一种不被流行时尚所左右，经得起时间考验的材料。

预算不足时使用镀铝锌合金钢板。这是一种铝与锌的合金，不易生锈，我认为它是目前材料中性价比最高的。我会根据预算情况，选择使用价格便宜的小波纹钢板或成本稍高的方形波纹钢板。

小波纹钢板整体有一种柔和的感觉。我通常的做法是，在凸角部分不使用异形辅助部件，自凸角处开始进行弯曲处理，使之完美地贴合。但是，表面需用螺钉紧固，这不可否认地会给人低廉的感觉。

　　方形波纹钢板安装时会发出咔嚓的声音，给人以坚硬之感。它形似护墙板，表面看不见螺钉，没有低档感。凸角部分的异形辅助部件藏在方形波纹钢板中，尽量简单化。镀铝锌合金钢板的设计要点就在于异形辅助部件的设计和节点。2013 年 TANITA HOUSING WARE 上市了一种名为"ZiG"的三角波纹钢板，其同时具备无须凸角异形辅助部件的小波纹钢板和方形波纹钢板的优点。

　　另外，在不要求防火性能的区域，在宽敞的环境中我也推荐使用"铺木板"。铺设木板时，会觉得木板材料真好啊（笑）。

　　木材是任何时候都可以购买到的材料。也有人认为木材会腐烂就对它敬而远之。但是木材容易维护，更换方便，也不用担心厂家不再生产，自古以来就是理想的外墙材料。如果屋檐正常伸出，那么，维护的范围就可以限定在较低的位置。

田园调布本町的住宅。外墙使用我参与了产品开发的 TANITA HOUSING WARE 的"ZiG"进行饰面。阴影锐利，可以与同一厂家的落水管"标准半圆"的颜色相搭配。

熊本市龙田的住宅，SOTON
壁（伊礼色 W-129B）搔痕
饰面。

京都沙龙，将SOTON 壁的白色刮花，喷涂氧化钛进行防污处理。白色墙壁清清爽爽，与树木相呼应，营造出美丽的风景。

9 坪之家 length。我认为镀铝锌合金钢
板的外观取决于异形辅助部件的设计。
异形辅助部件决定了整个建筑物的质量。

不仅仅是外观需要提升，即使是内部的椴木贴面胶合板，也特地将纹理横铺着使用。这样看起来稳定。图纸上写明"纹理横铺"。

在整理立面图时，应尽量将开口处集中到一处（通过遮雨檐等），呈现出水平线。我好像最在意水平线（笑）。在屋顶附近，应留意檐头与开口处的位置关系。例如，在图纸上看到神社和寺院时，都会惊叹屋顶之大，但是，亲自去看实物时，反而更惊奇了，发现屋顶大小很协调。在图纸上看起来屋顶很大，但实际观看实物时却刚刚好。我想起了在学生时代奥村昭雄先生的教导，"我是计算着那缝隙进行设计的"。

改变屋顶和披屋顶的坡度时，也需要计算实际视线高度所看到的面。这样看来，在意外观也不是什么坏事（笑），这也是为了调整住宅的外形啊。那时的基准应该不是屋檐的水平线吧？若是住宅，我认为檐头线和开口处的高度关系比屋顶更重要。开口处上部、与屋檐之间的墙壁不要留得太大。我常跟员工说，"门头不要太宽，门净高与檐头的高度应大致相同"，意思虽然简单，但掌握起来比较难。为了与员工分享我的直觉，只好尽快制作模型进行确认。

此外，跟内部装修一样，在外墙上留下干净的墙面也很重要。因为该墙面在紧紧地守护着内部的生活。这样，住宅的外形也会透出没有噪声的宁静。

A.

Q.

问：提升外观有什么秘诀吗？

答：除了努力将建筑物的高度控制得稍低和重新思考开口处的样式之外，我认为还需留意水平线。有了水平线，就可以得到稳重的外形。我觉得屋檐水平线与开口处内侧高度的关系很重要。

东近江市住宅的模型很快就做好了，与员工确认节点等。

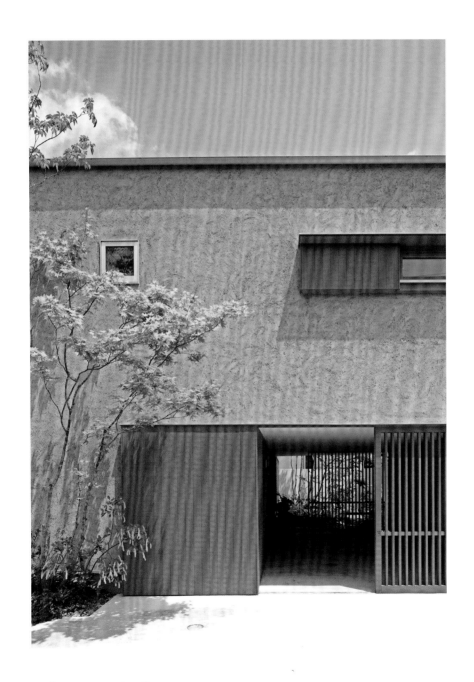

"南与野的住宅"不仅留下了水平线，
还留下了墙壁。面对街道，该关闭的地
方关闭；该开放的地方，通过车库开放。

短评

朗香教堂

（法国）

朗香教堂是柯布西耶代表作中的代表作，是先行尝试现代建筑五大原则的激情之作。该建筑似雕刻作品，最大程度地发挥了混凝土建筑的柔软和自由。可以说，朗香教堂是向建筑专家和普通观众传达建筑魅力和感动的杰作。建于山丘之上的形态自由的外观充满魅力，而打开入口的门进入内部时，光线的魅力（宗教建筑中光线就是生命）会令所有人都变成建筑的俘虏。

我将通过彩色玻璃射入内部的各种光线与从外部看起来较厚的墙壁上任意开设的窗户重叠在一起，画了素描。

在画作中，我将外部涂上了内部彩色玻璃的颜色（笑）。

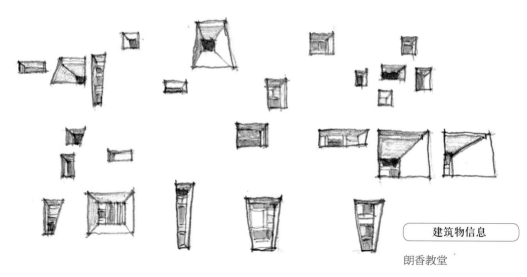

建筑物信息

朗香教堂

所在地：法国东部弗朗什孔泰区上索恩省朗香镇

设计：勒·柯布西耶

竣工：1955 年

第 **7** 章

设计能力

Irei Satoshi's
House Design
RULE

Q / A
45-51

———

CASE
34-36

"播磨之杜"提出了工务店的公司建筑与样板房新方案（山弘的新公司建筑与样板房）。图中是公司建筑。整理得像住宅的公司建筑是活动空间，也是另外一种样板房。

说到底，我的价值观和风格因将层高和天花板高度控制得稍低、不多设置窗户、天花板上不装灯具这三点而变化极大。

只需将层高和天花板高度控制得稍低，比例就会立即得到调整。如果真的接受客户"明亮且通风好"的要求，就需要设置很多窗户。那样的话，就会牺牲守护居住者的墙壁，也会失去空间的稳定。我们不应设置没有积极意义的窗户。一旦减少照明灯具的数量，并将其设置于较低的位置，室内就会变得很清爽，空间的重心得以下降，显现出稳定的感觉（当然要确保间接照明）。

需要说明的是，为了得到想要的空间，在看不到的地方需要下足功夫。因为工务店采用的是明柱墙结构，所以通常柱和梁都是可见的，但原本可以在这方面下更多的功夫。不过，如果因为建筑师的执着而增加现场工匠的负担，那就没有意义了。首先，还是请挑战上述三点。但是，这三点好像正是居住者难以接受的（笑）。

Q. 问：在工务店的设计中，你认为有哪些地方修改一下会更好呢？

A. 答：有三点：将层高和天花板高度控制得稍低、减少窗户数量、天花板上不装灯具。

45

这是公司建筑的客厅，也可用作会议室。中庭夹在客厅与餐厅之间，随时可以看到庭院。这里也可以举办各种活动。

不久以前，还有些难题是工务店处理不了的。例如，无法招聘到好的设计人员、设计无法上档次等。

不过，现在似乎更多的工务店意识到努力就可以做出好的设计，并且设计水平也提高了。

如今引人注目的建筑师中，有不少现场监督出身的人，也有不少未在学校接受过正规教育的人。看着这些人的自由式建筑，我也觉得是否应该更自由地思考建筑呢？那么，工务店的设计是否也应该更自由呢？

Q.
问：那么，你怎样看待工务店的设计能力呢？

46

A.
答：越来越多的工务店已经意识到，努力就可以成功，所以，工务店的水平也在提高。

我认为重要的是经营者的想法和公司的基本方针。优先考虑订单量和利润，不顾建筑质量好坏的公司，好的设计人员是不会来的，即使来了也会两头受气、痛苦不堪吧。

工务店委托我设计样板房时，我会以全面接受我的风格为条件。也有客户说希望将伊礼的住宅作为自己公司的产品选项之一，但是，按照以往的经验，这样的合作是难以持久下去的。

Q.
问：如何招聘有潜力的设计人员，如何提高员工的设计能力，这些都是课题。

47

A.
答：在确定自己的价值观和风格后，其他的就交给现场的员工，这点很重要。

无论是何种风格，我决定以这种价值观去执行，进行标准化，绝不动摇。在此基础上交给现场的员工去做。我想，这样的话，年轻的员工也可以更快地成长。

但是，如果没有懂建筑和设计的资深建筑师指导，就可能产生错误的自由，甚至出现地基崩塌的情况。理想的情况应该是，公司里面有一位资深建筑师，可以理解前辈的话语和客户的要求，传达给年轻的设计人员，并对年轻员工的设计进行增删、修改。

48

Q.

问：我觉得在设计人员的培养方面，学校教育也存在着很大的问题。

A.

答：令人担心的是，建筑专业的毕业生完全不把工务店作为就业选项。工务店应该与当地的大学合作，开展活动，积极接受研修生。

我也在大学授课。我会时常让建筑专业的学生制作"有趣的"方案。学生的想法也经常给我带来启发。但是，因为是学生，所以几乎无视了建筑法规和现实的住宅营造。这也是学生步入社会后缺乏动手能力的原因之一。还有一个令人担心的现象是，建筑专业的毕业生完全不把工务店作为就业选项。虽然最近也有应届毕业生到工务店就业，但数量少之又少。从这个意义上来看，工务店应该与当地的大学合作，开展活动，积极接受研修生。这样的话，建筑师可以与大学紧密联系，毕业生也会多一条就业渠道。今后工务店的现场监督和设计人员如果有在大学授课的机会，那也很好啊。仅仅是从学生的角度来看，也会觉得有趣，而且还可以弥补课程表上缺乏的实践部分。

"小森林之家"是产品化住宅"小型住宅计划""i-works 项目"的基础。总使用面积约 50 平方米，很特别。但是，这项工作证明了小型住宅的潜力。

小田原市的住宅是 i-works1.0 的原型。宽约 7.2 米，呈方形，平面布置简洁。

问：你在与工务店一起推进 i-works 这个项目吧？

答：对，「成品化住宅」项目，全国有33家工务店参与。

49

i-works 是我与工务店和建材厂家合作开发的"成品化（prêt-à-porter）住宅"项目，目前有 33 家（截至 2017 年 4 月）工务店参加。

prêt-à-porter 是服饰用语，原意是"高级成衣"。在确保高级服装店全套定做的品质的同时，价格还很合理，高级服装店的这种经营模式与我所追求的"标准化"不谋而合。

将"标准化"向前推进一步，就像高品质成衣那样，以合理的价格提供高品质住宅。这就是该项目的目标。

首先我提出了总建筑面积 97 平方米、宽约 7.2 米的方形小型住宅方案。参与该项目的建材厂家提供该方案所需的标准构件，参与该项目的工务店以托管方式进行建筑施工。今后新的住宅方案会越来越多。不改变方案直接进行施工，可以降低设计、施工和材料成本。这样，住宅成本低于我平时设计的高级定制住宅。

于是，省下来的预算可以用在绿化和家具方面，让居住者全面享受优质生活。

的确，在全国实施同一种方案并非易事。为了满足各地的法律规定，i-works 也下足了功夫。另外，在温热环境的测量等性能方面，我们也在持续进行改善。

参与的工务店和建材厂家都在对 i-works 这个项目的方案进行持续改善。本来，标准化自身也是一个不断改善的过程。

我还有一个目的是向人们提供超越地域性、让人心情舒畅的标准住宅。但是，这并不意味着为每个地域和每位居住者准备了特殊方案，而只是提出一般方案。因为一直是按这个态度进行设计的，所以我觉得 i-works 这样的全国性项目应该可以顺利地实施。

截至 2017 年 4 月，i-works 已经发布了 1.0、2.0 和 4.0 三种方案（3.0 正在调整之中）。在开发新方案的同时，我还想与工务店和建材厂家一起对原有方案进行完善。

50

Q. 问：i-works 住宅方案是全日本统一提供的吧？那么，请问如何处理住宅的地域性呢？

A. 答：该项目是为了向人们提供超越地域性、让人心情舒畅的标准住宅。

筑波i-works 1.0

郊外型成品化
（标准型）住宅

i-works 1.0 是郊外型日式生态住宅。在暖和的季节可以将开口处全部打开，与外部相连；冬天则可以发挥其隔热性能，具有良好的调节作用。

34
案例

我一直致力于设计的标准化。i-works 1.0 整合了标准化的单元（浴室、洗脸间、玄关），设计成了约 7.2 米宽的方形平面布局。7.2 米宽方形平面布局的住宅在历史上有很多名作（吉村顺三先生的轻井泽别墅等），容易营造出各种平面布局的变化，所以我认为它适合用作标准平面布局。

该项目的比例和节点按照伊礼智设计室的常规做法进行处理，结构材料和内部装修材料也是在预先切割后再进行提供。

建筑师与工务店和建材厂家进行合作，采用自然材料，重视设计与温热环境的平衡，利用标示了性能的结构材料修建住宅。可以用合理的价格购买日式生态住宅。我认为 i-works 1.0 就是这样一个具有挑战性的项目。

伊礼智的设计中也可使用成品家具。
可以用比定制住宅更合理的价格购买
到建筑师设计的住宅。该样板房装有
OM 的 QUATROSOLAR 系统，实
现了 ZEH（零能耗住宅）。

i—works的狭小面积版

35
案 例

i-works 2.0 是 i-works 的狭小面积版。总使用面积 76 平方米，适合四口之家居住。

如果说 i-works 1.0 是郊外型住宅，那么，i-works 2.0 就是市中心狭小面积版。总使用面积 76 平方米，为应对狭小用地面积，没有出檐，外墙用原创的镀铝锌合金钢板饰面。这是我与 TANITA HOUSING WARE 一起开发的三角波纹镀铝锌合金钢板，名为"ZiG"，阴影锐利。它可以与同样是我跟 TANITA HOUSING WARE 一起开发的落水管的颜色（4 色）相搭配。

i-works 1.0 以小田原市的住宅为原型，i-works 2.0 则以东京街头住宅 9 坪之家为原型。我将之前设计的住宅进行改善和标准化，从而设计出了可靠的住宅。

i-works 2.0 面积虽小，但它是具有伊礼智设计室风格的标准住宅。

开口处从外至内分别为百叶门、纱门、玻璃门和纸拉门。居住者可以根据季节和自己的心情进行控制，确保自己住得舒适。

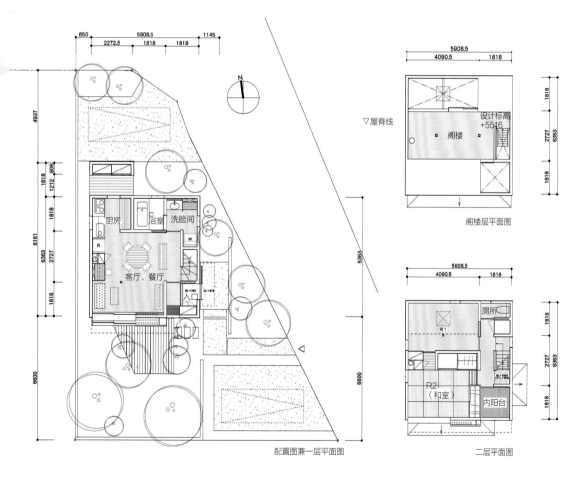

配置图兼一层平面图

阁楼层平面图

二层平面图

这幢总使用面积为 76 平方米的小型住
宅，带有室内晾衣处和紧凑的厨房等，
适合有孩子的年轻夫妇居住。

生活全部在一层实现的住宅

7.3平方米的空间可以根据自己的需要进行分配、定制。为明柱墙结构，可以看到柱子。

36
案例

我一直想提供平房住宅的模板。

作为"最后的住处"，生活可以全部在一层实现。利用梁隔开的7.3平方米的空间连接在一起。

内部为明柱墙结构（露出了木结构），装满隔热材料的外墙为隐柱墙（墙壁被覆盖，看不到结构材料）结构。对伊礼智设计室而言，这种结构是极罕见的。

设计为平房加阁楼，阁楼层若能确保成人在里面伸直腰的高度，则可营造出一间单独的房间，变成两层平房式的建筑。这样就可以设置一个单间，不仅可以作为老年人的"最后的住处"，也适合有小孩的年轻夫妇。另外，二层可以作为已经长大成人、步入社会的孩子们的备用房。

由此可见，这是生活可以全部在一层实现的住宅，适合各种成员结构的家庭。

该住宅由主房与洗脸间、浴室组成，外部置物柜可选。可以根据自己的需要对 7.3 平方米的空间进行合理分配。

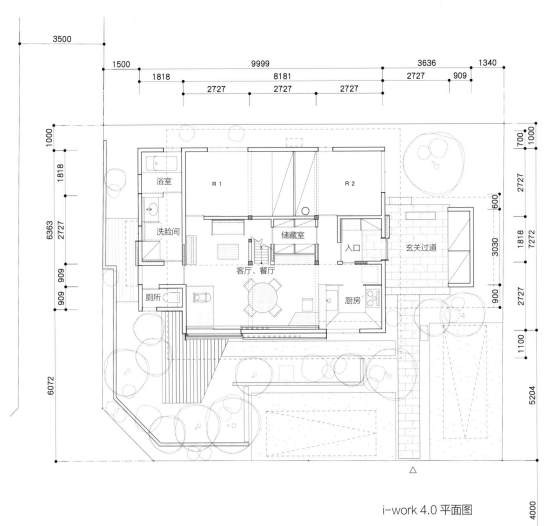

i-work 4.0 平面图

开口处选择隔热性和气密性卓越的 ISLAND PROFILE 窗，即使是大型开口处，也可以轻松地开关。

258

标准型住宅的设计要点在于如何让住宅与街道融为一体。配套工程与绿化的设计很重要。

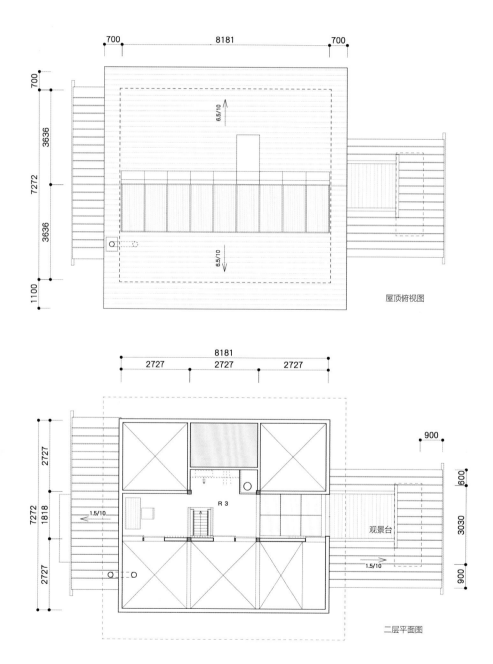

屋顶俯视图

观景台

二层平面图

伊礼智的住宅设计学校是面向社会人的住宅设计学校。我也在大学授课，知道不少学生和社会人对前途感到迷茫。

大学教育可以说是在 1000 人之中培养出一位明星。学生们被要求提出概念性创意和有趣的方案。这样，越是认真的学生越萎靡和迷惘，有不少人还失去了自信。通常做得好的作品没有得到好的评价，人们期待对现状的批判。

但是，步入社会后，学生们就会发现在学校被灌输的"先进制造"概念并不适用，除了部分有才能的学生之外，更多的学生一旦走进社会就会到处碰壁。

另外，现在不少工务店也有了自己的设计部，但是有很多没有接受过建筑方面正规教育的人员在从事设计，这也是工务店的设计备受诟病的原因之一。这些人虽然喜欢设计，但自己都不知道如何是好。而我的住宅设计学校就是这些迷途羔羊的避难所（笑）。

我以工务店为中心，向年轻的设计人员传达了自己的设计价值和方法。仅凭我一个人的价值观是无法引导所有这些迷途羔羊的，所以，我邀请了很多嘉宾讲师，从不同的角度来影响学生。

Q.

问：请问你主办的住宅设计学校情况怎么样？

A.

答：来住宅设计学校的基本上是想跟我学设计的人们，有时也邀请建筑师前来授课，让他们从不同的角度提出建议。学生们都在培养判断能力，提高技艺，经常集会、商谈，实践所学到的知识。

51

通过这些活动，有几家工务店的设计水平得以快速提高。

学生们都在培养判断能力，提高技艺，经常集会、商谈，实践（模仿）所学到的知识，一遍又一遍地反复改善，去构筑自己的世界。我在育人的同时，也在培养自己的竞争对手。

这样的话，住宅设计学校还有继续开办的意义吗？

我认为这可以说是自己的精神恢复训练。将自己领悟的知识分享给有同感的设计人员，可以使自己净化，接受新的挑战，最终对自己也是有益的。

2017 年开展了以"即日设计"为中心的课程。在参观完我设计的住宅之后，在初次看到的建设用地，对一个全新课题进行了 3 小时的探讨。这是一个非常严格的训练（笑）。

我一直以吉村顺三先生的建筑为目标。精心地计划每天的生活，在充分活用地域性的同时，使竣工的建筑超越了地域性，具有经历数十年仍不会过时的魅力。这是因为吉村先生设计的建筑空间比例协调、住起来舒适、让人心情愉悦，虽不奢华但独具风格。我深深地被吉村先生作品的这些优点吸引，为建造超越地域性和时间的建筑而不断奋斗。

我不只希望自己的作品，也希望世间更多的建筑，尤其是住宅，能像吉村先生的作品那样，没有缺陷，平衡性良好。为此，必须炼就可以品味美好事物的心灵和智慧。我认为，首先应该培养判断能力、提高技艺。

参观好的建筑，品味它，培养判断能力。

只要觉得那幢建筑好，就画素描，有时还需量尺寸，思考好在哪里。理解之后，将其优点用在自己的工作中。模仿绝非坏事，它是提高设计水平的根本方法。

不止模仿外观，而应理解其本质，全面地进行尝试。但是，从礼义上来说，还应尊重所模仿的作品。在模仿的过程中，一定要找到适合自己的切入口。

本书虽然没有什么高尚的语言和知识，但字里行间饱含了我的真诚，希望大家能够感受到。《伊礼智住宅设计法则》若能成为指南，对大家有所助益，我将深感荣幸。

答：接触好的建筑。我认为培养判断能力、提高技艺是提高设计水平的王道。

后记

本书以伊礼先生在《新建 HOUSING》报纸上连载的内容为基础，加以整理和润色。

伊礼先生在书中写出了其设计做法以及深藏其内心深处的价值观和哲学，从中可以感受到伊礼先生那温暖而幽默的人格、对设计的真挚态度和他想完整传达的思考。

伊礼先生与埃里克·克莱普顿

伊礼先生在书中不断地向人们传达他所掌握的设计做法。连图纸都毫不吝啬。像这样慷慨的建筑师是罕见的，伊礼先生说"因为自己也得到了各位前辈的教诲"。

伊礼先生的故事中出现了教过自己、现在仍担任讲师的东京艺术大学的前辈吉村顺三先生、奥村昭雄先生、宫胁檀先生、永田昌民先生等人以及发生的小插曲。年轻的时候学习这些前辈的风格和细节，"培养判断能力、提高技艺"（宫胁檀先生的名言），从而树立了自己的风格。然后，基本价值观和风格就这样不断地进化。

我将摇滚的系谱与进化及其伊礼先生的轨迹进行了类比。也许是因为我喜欢用吉他弹奏摇滚吧。

被称为"吉他之神"的埃里克·克莱普顿向摇滚乐之源头布

鲁斯学习，将其乐句和情感导入自己的音乐之中，树立了自己独特的风格，为广大听众所接受，为布鲁斯周边领域的拓展做出了贡献。他得到了专业人士的尊重，吸引了众多的跟随者。在尊重的链条中，源头得到了继承，完成了进化，周边领域的拓展意味着市场得到了扩大，在克莱普顿的影响下寻找源头，找到了布鲁斯，这样的听众不在少数（我也是其中之一）。

伊礼先生是建筑行业的埃里克·克莱普顿，这种说法可能有些夸张，但我觉得还算比较恰当。在尊重源头——东京艺术大学各位前辈的同时，形成自己的风格；在进化的同时继续进行传播，拓展优质住宅的周边领域，提高了设计人员的设计水平，拥有了跟随者。本书若也能在这种尊重的链条中得到活用那就太好了，同时，若本书能成为人们寻找源头而学的契机，我将倍感开心。

伊礼先生与土井善晴先生

伊礼先生设计的住宅外形都充满魅力，应该是人人都喜欢。

伊礼先生说自己的设计不是法国料理而是家庭料理，这样的价值观，甚至可以说"人格"也在他设计的住宅外形中得以体现。他设计的住宅外形没有夸耀的成分，那自然地和风景及街道融为一体的雅致与一看便知是伊礼先生风格的个性相得益彰。那种"持续地一见钟情"深深打动了众多日本人的心。不仅仅是外形，内部空间也有这种魅力。

据说，伊礼先生关注的人之一就是料理师土井善晴先生。土井先生提倡通过一汁一叶充分地回归日本料理的原点，从而引起了人们的共鸣。有了一汁一叶这一"模型"，就可以轻松地做出每天的料理。土井先生说，此时为活用材料，需事先做好准备，但无须花费过多的时间和精力。的确，包括价值观在内，与伊礼先生有相通之处。

本书体现了伊礼先生的价值观和人格。参考本书，审视自己的价值观，可以将它与设计的"模型"进行对照。

伊礼先生与松尾芭蕉

伊礼先生设计的住宅和家具都很美，而且还透着可爱，不轻佻，更具品位。我听到过这样的感想，我自己也是这样想的，我认为这主要是源于伊礼先生所具有的"绝对尺寸感"，而不是绝对乐感。

天花板高度浅显易懂地体现了伊礼先生的尺寸感。伊礼先生经常说，尽量将该高度控制得稍低一些。此外，天花板上也不装照明灯具，不多设窗户，不设走廊，他也用这种类似于料理调味品添加顺序的原则浅显地阐释住宅设计的基本原则。

伊礼先生在完善并坚持这一原则的同时，还在继续将其发展。节能性能就是其中一例，现在，从数据上来看，伊礼先生的设计已经达到了可称为高性能住宅的水准。为满足时代的要求和顾客的需要，伊礼先生也在考虑提高性能，但绝不优先考虑性能数据，我认为，归根到底，他的努力从未脱离各位前辈所重视的建筑原点——追求舒适。

单纯的节能性能无法创造真正的舒适。建筑外形、空间魅力以及按绝佳的距离感将舒适的驻足处连接起来的设计等，这些要素的平衡很重要。我觉得伊礼先生的作品，包括设计和性能在内的各要素的平衡渐渐达到了最佳，它的发展变化创造出了真正而全新的舒适。这种平衡感也是伊礼先生人格的重要组成部分吧。

为追求舒适这一原点，伊礼先生引进所需的最新技术，甚至与合作伙伴一起开发构件。伊礼先生的老师奥村昭雄先生也在追求舒适的过程中，自己开发了空气集热式太阳能系统，伊礼先生也在设计中使用该系统。可以说他从老师那里继承下来的这种态度与松尾芭蕉所提倡的俳句的本质——"不易流行"有相通之处。

如果没有"不易"（不变的原点），只追求"流行"，则无法成为被人们长久喜欢的标准，在流行过后即会终结。反过来说，为追求不变的本质、自身的原点，需继续发展。读者若能从本书中感受到伊礼先生的这种态度，我将倍感欣慰；若能从本书的图纸中感受到前面提及的绝对尺寸感，我将不胜欢欣。

伊礼先生与吉村顺三先生

动物会聚集在舒适之处，那样会心情舒畅。人也是动物，所以人也一样。家人和朋友喜欢聚集在舒适的家中，心情会舒畅起来，愉快地度过开心的时光。

伊礼先生的老前辈吉村顺三先生说过以下名言：

"建筑师最高兴的时刻，是建筑竣工后，看见人们住进来，在里面过着美好的生活。傍晚时分，经过一幢房子时，看见里面亮着灯，感受到一家人的幸福生活，对建筑师而言，这就是最开心的时刻。"

学习设计做法，提高水平的目的是什么呢？住宅究竟是什么呢？我认为，其答案就浓缩在吉村顺三先生的这段话之中。我认为伊礼先生也是这样想的，本书的最终目的也在于此。

最后，衷心感谢伊礼先生。期待伊礼先生设计理论的进一步发展变化，并且我也想继续关注该发展变化。在此，也对给我提供了帮助的伊礼智设计室的所有员工表示感谢。

本书若能为设计从业人员排忧解难，进而为住宅设计的水准提升提供帮助，则我将倍感欣喜。

日本新建新闻社社长　三浦祐成

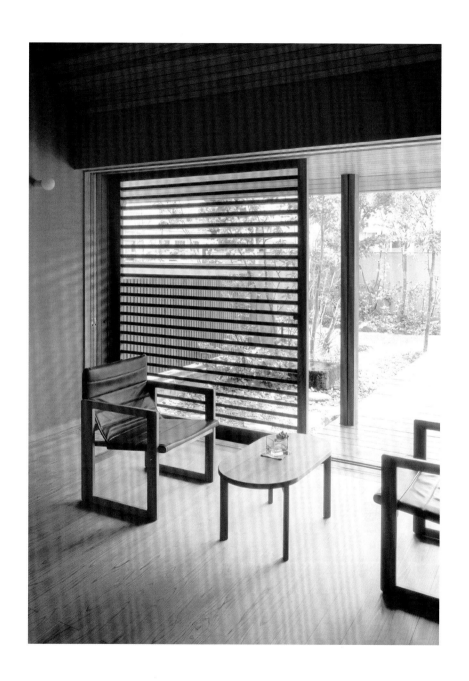

图书在版编目（CIP）数据

伊礼智住宅设计法则 / （日）伊礼智著；易保红译
. -- 南京：江苏凤凰科学技术出版社，2020.1
ISBN 978-7-5713-0609-0

Ⅰ.①伊… Ⅱ.①伊…②易… Ⅲ.①住宅－室内装
饰设计 Ⅳ.① TU241

中国版本图书馆 CIP 数据核字 (2019) 第 225540 号

江苏省版权局著作权合同登记号：10-2019-146

IREI SATOSHI NO JUTAKU SEKKEI SAHO Ⅱ by Satoshi Irei
© Satoshi Irei 2017
All rights reserved.
Original Japanese edition published by Shinken Press, Nagano.
This Simplified Chinese language edition is published by arrangement with
Shinken Press, Nagano in care of Tuttle-Mori Agency, Inc., Tokyo

伊礼智住宅设计法则

著　　　者	[日] 伊礼智
译　　　者	易保红
项 目 策 划	凤凰空间/李雁超
责 任 编 辑	刘屹立　赵　研
特 约 编 辑	李雁超

出 版 发 行	江苏凤凰科学技术出版社
出版社地址	南京市湖南路1号A楼，邮编：210009
出版社网址	http://www.pspress.cn
总 经 销	天津凤凰空间文化传媒有限公司
总经销网址	http://www.ifengspace.cn
印　　　刷	固安县京平诚乾印刷有限公司

开　　　本	787 mm×1 092 mm　1 / 16
印　　　张	17
版　　　次	2020年1月第1版
印　　　次	2020年1月第1次印刷

标 准 书 号	ISBN 978-7-5713-0609-0
定　　　价	148.00元

图书如有印装质量问题，可随时向销售部调换（电话：022-87893668）。